ZEITSCHRIFT FÜR ANGEWANDTE GEOLOGIE

HERAUSGEGEBEN VOM
ZENTRALEN GEOLOGISCHEN INSTITUT
IM AUFTRAG DES
STAATSSEKRETARIATS FÜR GEOLOGIE

AUS DEM INHALT

AKADEMIE-VERLAG · BERLIN

BAND 18 / HEFT 2
FEBRUAR 1972
SEITE 49—96

PREIS: 6,— M
Sonderpreis DDR: 2,— M

	INHALT	СОДЕРЖАНИЕ	CONTENTS	
KALINKO, M. K.	Zur Theorie der hypergen-vulkanogen-sedimentären Entstehung großräumiger Salzablagerungen	Теория гиперогенно-вулканогенно-осадочного происхождения полирегиональных соляных толщ	On the Theory of the Hypergene-Volcanogene-Sedimentary Formation of Large-Area Salt Depositions	49
SCHUST, F.	Zur geologischen und strukturellen Charakterisierung der wolframführenden Mineralisationen, insbesondere der Quarz-Wolframit-Gänge des Westerzgebirgischen Teilplutons (Teil 2)	К некоторым вопросам геологической и структурной характеристики вольфрамоносной минерализации, в частности кварцево-вольфрамитовых жил плутона, расположенного на западе Рудных гор (часть 2)	Observations on the Geological and Structural Characterization of Tungsten-Bearing Mineralizations, in Particular of Quartz-Wolframite Veins of the Partial Pluton in the West Erzgebirge (Part 2)	56
HETZER, H.	Oceanexpo 71 Internationale Ausstellung und Kolloquium für Meeresforschung in Bordeaux/Frankreich	Oceanexpo 71 Международная выставка и коллоквиум по морскому исследованию в Бордо/Франция	Oceanexpo 71 International Exhibition and Colloquy for Oceanic Research in Bordeaux (France)	61
MÜCKE, M.	Überlegungen zum Leistungsvertrag über die geologische Erkundung fester mineralischer Rohstoffe (insbesondere Steine—Erden) und Grundwasser	Соображения по договору услуг о геологической разведке твердых полезных ископаемых (в особенности строительных и керамических материалов) и грунтовых вод	Considerations on the Contract of Achievements to Be Realized in the Geological Exploration for Solid Mineral Raw Materials (Particularly Stones and Earths) and Ground Water	64
Autorenkollektiv	VIII. Welterdölkongreß in Moskau 13.—19. 6. 1971 — Informationsbericht — (Teil 1)	VIII. Всемирный конгресс нефти в Москве 13.—19. 6. 1971 — Информационное сообщение — (часть I)	VIIIth World Petroleum Congress, Moscow, June 13—19, 1971 — Information Report — (Part 1)	69
SUBOW, I. P., A. F. JELISTRATOWA, I. I. KOSHEWNIKOWA, B. A. SOLOJOW & W. JA. SCHIROKOW	Das Niederbringen von Basisbohrungen auf Erdöl und Erdgas in der UdSSR	Опорное бурение на нефть и газ в СССР	Putting Down Base Wells for Oil and Gas in the U.S.S.R.	72
REUTER, F.	Die anthropogen-geodynamischen Prozesse aus der Sicht der Geotechnik	Антропогенно-геодинамические процессы с точки зрения геотехники	The Anthropogene-Geodynamic Processes in the Light of Geotechnics	76
ARISTOW, W. W., & S. W. TICHOMIROW	Die Bedeutung einer modernen Variante des Periodensystems D. I. MENDELEJEWS für die Prognose und Prospektion	Значение современного варианта периодической системы Д. И. МЕНДЕЛЕЕВА для прогноза и поисков полезных ископаемых	The Importance of a Modern Variant of D. I. MENDELEYEV's Periodic System to the Prognosis and Prospection of Mineral Resources	81
	Die Erfolge der sowjetischen Geochemie	Успехи советской геохимии	The Successes of Soviet Geochemistry	87
	Methoden der Suche von Uranlagerstätten — Entwicklung und Stand	Методы поиска урановых месторождений. Развитие и состояние на сегодняшний день	Methods of Prospecting for Uranium Deposits — development and present status	88
Buchbesprechungen, Informationen, Kurznachrichten				90

Die ZEITSCHRIFT FÜR ANGEWANDTE GEOLOGIE berichtet ständig über folgende Arbeitsgebiete: Geologische Grundlagenforschung und Lagerstättenforschung / Methodik der geologischen Erkundung / Ökonomie und Planung der geologischen Erkundung / Technik der geologischen Erkundung / Geologie und Lagerstättenkunde im Ausland. In der Zeitschrift können alle strittigen Fragen der praktischen Geologie behandelt werden. Die Autoren übernehmen für ihre Aufsätze die übliche Verantwortung.

ZEITSCHRIFT FÜR ANGEWANDTE GEOLOGIE

Träger der Ehrennadel in Gold der Gesellschaft für Deutsch-Sowjetische Freundschaft

BAND 18 · FEBRUAR 1972 · HEFT 2

Zur Theorie der hypergen-vulkanogen-sedimentären Entstehung großräumiger Salzablagerungen

M. K. KALINKO, UdSSR

Im Ergebnis geologischer Untersuchungen und Bohrungen, die im Verlauf der vergangenen Jahrzehnte innerhalb von unter solchen Gesichtspunkten bisher weniger untersuchten Gebieten und besonders in verschiedenen Aquatorien durchgeführt wurden, stellte man fest, daß Salzablagerungen bedeutend weiter verbreitet sind, als früher festgestellt wurde (Abb.). Es wurden neue Becken mit Salzakkumulationen innerhalb der UdSSR entdeckt (Mittelasien, Kasachstan, Vorkaukasus, Transkaukasien, Krasnojarsker Gebiet), weiterhin in Nord-, West- und Ostafrika, in Pakistan, auf dem Gebiet der Volksrepublik China, in Zentralaustralien und auf den westlichen Inseln des arktischen kanadischen Archipels; vor allem aber auch folgender Aquatorien: im westlichen und östlichen Teil des Nortatlantiks, im westlichen und östlichen Teil des Mittelmeers, des Roten und des Toten Meeres, des Mexikanischen Golfs, des Persischen und des Golfs von Suez.

Einige Forscher nehmen an, daß unter dem gesamten Nordatlantik eine einheitliche Salzschicht liegt, deren Bildung mit den frühen Stadien der Riftbildung des Atlantik verknüpft ist (G. PAUTOT u. a. 1970).

Es unterliegt keinem Zweifel, daß entsprechend der Ausweitung geologischer Untersuchungen und der Steigerung der Anzahl tiefer Bohrungen neue Gebiete mit Salzablagerungen entdeckt werden. Jedoch gestatten die gegenwärtig vorliegenden Angaben bereits, die Verteilungsgesetzmäßigkeiten dieser Ablagerungen zu klären, die ihre tatsächliche Verbreitung widerspiegeln dürften und entsprechend der Erweiterung der Such- und Erkundungsarbeiten zukünftig noch zu präzisieren und zu vervollständigen wären.

Diese neugefundenen Gesetzmäßigkeiten erwiesen sich, wie im folgenden dargelegt werden soll, als im Widerspruch stehend zu den herrschenden Vorstellungen über die Bedingungen, und Ursachen regionaler und überregionaler Anhäufung von Salzablagerungen. Daraus ergab sich die Notwendigkeit, diese scheinbar seit langem bereits gelösten Probleme neu zu überdenken und dabei das in den letzten Jahrzehnten gesammelte Material mit zu verwerten.

In einem kurzen Beitrag ist es nicht möglich, alle Seiten dieser umfassenden und komplizierten Probleme zu beschreiben. Es soll deshalb nur auf jene Fragen eingegangen werden, die sich zu den neuen Fakten in Widerspruch befinden.

Eingang des Manuskripts in der Redaktion: 4. 3. 1971.
Übers. A. KRÜGER, ZGI, Berlin.

Gesetzmäßigkeiten der Verbreitung von Salzlagerstätten

Die grundlegenden Gesetzmäßigkeiten der Verbreitung von Salzablagerungen können wie folgt dargestellt werden: Bei der Betrachtung der geographischen Verteilung salzführender Ablagerungen kann man eine bestimmte Asymmetrie feststellen. Der überwiegende Teil der salzführenden Schichtenkomplexe ist auf der nördlichen Halbkugel entwickelt, während auf der Südhalbkugel nur ein geringerer Teil derselben auftritt. Charakteristisch ist die minimale Entwicklung von Salzablagerungen innerhalb des pazifischen Gürtels und ihr völliges Fehlen unter dem Meeresboden des Pazifiks. Salzablagerungen werden in allen großen geologischen Strukturen angetroffen. Ausnahmen hiervon bilden lediglich die Schilde und Antiklinorien gefalteter Systeme. In der Regel werden die mächtigsten Salzschichten in Senken angetroffen, in Innen- und Randsenken von Plattformen, in Vorgebirgs- und Zwischengebirgssenken. Auch hinsichtlich des stratigraphischen Profils kann eine ungleichmäßige Verteilung der salzführenden Schichten beobachtet werden: Einzelne Perioden sind durch eine breite Entwicklung von salzführenden Schichtkomplexen charakterisiert, während dieselben in anderen Perioden relativ selten angetroffen werden. Hierbei beobachtet man eine Art Rhythmik von zweierlei Ordnung: In einzelnen Perioden erreichte die Salzbildung gewisse Maxima, deren absolut höchste Beträge im Perm und Jura erreicht wurden. Danach nahm die Salzbildung ständig ab.

Es entspricht den Tatsachen, daß mit dem bisher erreichten Wahrscheinlichkeitsgrad bestimmte Vorstellungen über das Alter solcher Schichten geäußert werden können. Wenn man sich nach dem Alter der salzführenden Schichten richtet, die in den ufernahen Teilen des Festlands ausgebildet sind, kann man annehmen, daß unter anderem die im Untergrund des nördlichen Atlantiks vorhandenen Salzablagerungen (in der Nähe des nordafrikanischen Festlands), die Salzschichten der Biskaya und des Westteils des Mittelmeers triassisches Alter besitzen. Es ist sehr wahrscheinlich, daß die im

Nordosten und Südwesten von Neufundland auftretenden salzführenden Ablagerungen im Karbon liegen.

Völlig unbekannt ist das Alter der salzführenden Schichten, die westlich von Irland und westlich von Portugal liegen. Wenn die obengeäußerten Ansichten richtig sind, dann gibt es kein Minimum der Salzbildung in der Trias, sondern das Maximum erstreckt sich sehr wahrscheinlich über die drei aufeinanderfolgenden Perioden des Perms, der Trias und des Juras.

In der Verteilung der Becken mit Salzbildungen, die in verschiedenen Perioden auftreten, beobachtet man keine solche Gesetzmäßigkeit, wie sie LOTZE (1968) festgestellt hat. So entstanden zum Beispiel am Ende des Proterozoikums und am Anfang des Kambriums Salzakkumulationen in den Gebieten des heutigen Persischen Golfs, im Norden Pakistans, im Irkutsker Amphitheater und in Zentralaustralien (Abb.). Im Devon entstanden Salzakkumulationen in den Gebieten des Arktischen Kanadischen Archipels, in Westkanada, im Taimyr und der Dnepr—Donez-Senke. Im Perm entwickelten sich Salzakkumulationen auf der westlichen und der östlichen Halbkugel fast in allen Klimazonen. Danach verschoben sich im Verlauf der Trias die großen Becken der Salzkonzentration auf der östlichen Halbkugel nach Süden, und im Jura wanderten sie nach Osten, auf der westlichen Halbkugel nach Süden.

In der Kreide entstanden Becken mit Salzakkumulationen nur in West- und Südamerika, aber im Miozän verschoben sie sich abermals nach Nordosten und schließlich in der Gegenwart wiederum nach Süden.

Einteilung nach Typen

Dem Charakter der Verteilung nach kann man alle Salzschichten in vier Typen einteilen: 1. in lokale, 2. in zonale, 3. in regionale und 4. in überregionale. Dabei ist es erforderlich, den 3. Typ in zwei Untertypen zu unterteilen: 3a: monoregionaler und 3b: heteroregionaler Untertyp. Diese Einteilung der Typen bedarf offensichtlich keiner weiteren Erläuterung. Was die Untertypen betrifft, so müssen folgende Unterschiede beachtet werden: Zum Untertyp 3a gehören die Salzschichten, die in den Grenzen einer Region entwickelt sind und fast keine synchronen salzführenden Schichten in anderen Regionen besitzen. Beispiele hierfür sind die obersilurische Salzschicht in Ontario (Kanada), die Almuratsker Serie Mittelasiens (UdSSR) u. a.

Was den Untertyp 3b betrifft, so müssen dazu die Salzschichten gerechnet werden, die ein einheitliches Alter aufweisen, aber gleichzeitig in verschiedenen Regionen auftreten, z. B. die Serie von Gaurdak in Mittelasien, die Salzablagerungen des westlichen und östlichen Vorkaukasus und des westlichen Transkaukasiens (Grusinischen Blockes) oder die miozänen Salzschichten der SR Rumänien und Transkaukasiens.

Es ist interessant festzustellen, daß die überregionalen Salzablagerungen bisweilen vielen regionalen Schichten entsprechen. So z. B. entsprechen die oberpermischen überregionalen Ablagerungen des Zechsteins des Mitteleuropäischen Beckens der regionalen Schicht des oberpermischen Salzes im Wolga—Ural-Gebiet usw.

Entstehung salzführender Schichten

Der Frage der Entstehung salzführender Schichten wurde eine umfangreiche Literatur gewidmet, die viele Hunderte, vielleicht sogar Tausende von Arbeiten umfaßt. Eine recht vollständige Zusammenstellung findet man in der Arbeit von H. BORCHERT & R. O. MUIR (1964). Die russische und sowjetische Literatur findet sich in den Arbeiten von M. G. WALJASHKO (1963), A. A. IWANOW u. a. (1953), N. M. STRACHOW u. a. (1963), M. P. FIWEG u. a. (1956).

Beginnend mit ARRHENIUS nehmen die meisten Wissenschaftler an, daß die Salzanhäufungen in ufernahen marinen Becken vor sich gehen, die eine behinderte Verbindung mit dem offenen Ozean haben und in ariden Zonen gelegen sind (VAN'T HOFF u. a. 1936). Eine Änderung der Intensität der Prozesse ist mit regionalen und gesamtplanetaren Klimaänderungen verknüpft. Nach Ansicht von F. LOTZE (1968) änderte sich die Lage der ariden Zonen im Verlaufe des Phanerozoikums infolge von Polverlagerungen. In den letzten Jahren richtete A. L. JANSHIN (1961) die Aufmerksamkeit auf die Möglichkeit einer Salzakkumulation auf dem Boden tiefer Gewässer, was spätere Untersuchungen bestätigten.

Alle diese Vorstellungen erklären die Akkumulation der Salzschichten des 1., 2. und 3. Typs ausreichend gut. Was die Salzablagerungen der Typen 3b und 4 betrifft, so ist deren Anhäufung bezüglich der Quellen des Natriumchlorids schwerlich mit den obenangeführten Theorien zu erklären.

Tatsächlich könnte man, wenn man berücksichtigt, daß die Quelle für das Natriumchlorid die Salze der Weltozeane sind, annehmen, daß sich nach der Abscheidung solch gewaltiger Mengen von $4{,}5 \cdot 10^{15}$ t Salz, die z. B. im Verlauf des frühen Perms vor sich ging, die Intensität des Prozesses der Salzkonzentration infolge einer Entsalzung der Wässer des Weltozeans etwas hätte verringern müssen. In Wirklichkeit verstärkte sich dieser Prozeß jedoch, und im Verlauf des späten Perms wurden wiederum $2{,}3 \cdot 10^{15}$ t Salze abgelagert. Auch im Verlauf der älteren und jüngeren Trias wurden nochmals $1{,}3 \cdot 10^{15}$ t Natriumchlorid abgelagert, und im Jura fielen von neuem mehr Salze aus als sogar im Verlauf des Perms, nämlich $7{,}1 \cdot 10^{15}$ t Salz.

Die Salzakkumulation geschah nicht selten nicht in kleinen Buchten, wie das früher angenommen wurde, sondern in großen Becken, deren Flächen viele hunderttausende und manchmal bis zu 1 Mill. km² einnahmen. Dabei wechselten nicht selten Etappen mit Salzabscheidung mit Etappen der Akkumulation typisch mariner Ablagerungen mit einer Fauna, die ein Becken mit normaler Salinität charakterisiert (z. B. im Oberdevon der Dnepr—Donez—Primorie-Senken, im Zechsteinbecken und anderen Gebieten).

In der Anordnung dieser Becken mit Salzakkumulationen wurden nicht die Gesetzmäßigkeiten beobachtet, die F. LOTZE (1938) annimmt und die von einer ausschließlichen Abhängigkeit der Lage dieser Becken von der Lage der Klimazonen bedingt sein sollen. Darüber hinaus entstanden nicht selten in unmittelbarer Nachbarschaft dieser Becken mit Salzakkumulationen kohleführende Schichtenkomplexe, wie das z. B. charakteristisch für das Perm der Ostrussischen Senke ist.

So ergibt sich ein scheinbarer Widerspruch: Einerseits ist es völlig offensichtlich, daß eine Anhäufung von Salzschichten in großen Becken vor sich ging, die eine behinderte Verbindung mit dem Weltozean hatten, andererseits konnte die Anhäufung dieser Salzmassen

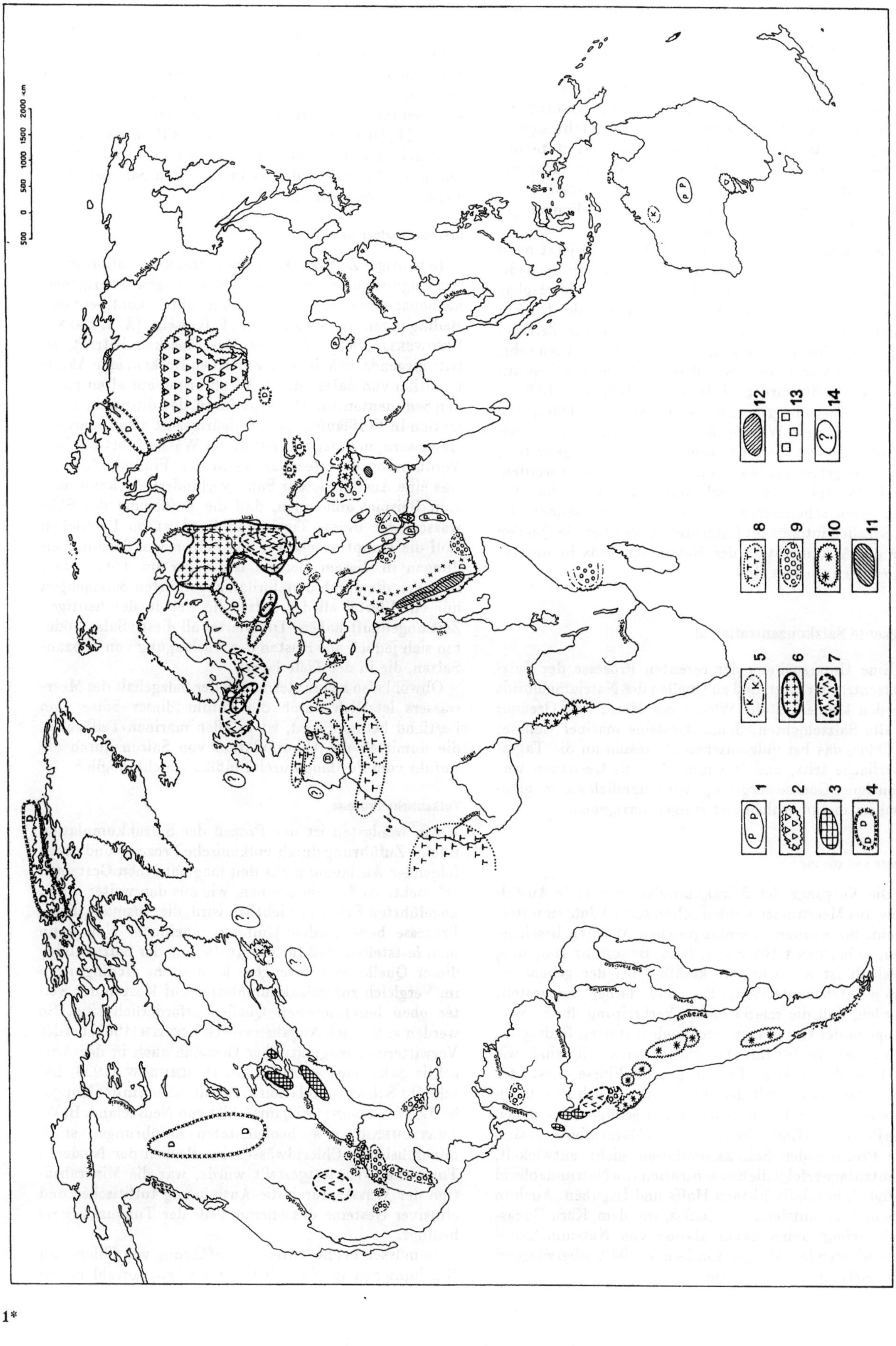

Abb. Karte der Verbreitung von Salzablagerungen (zusammengestellt von M. K. KALINKO 1971)

Alter der salzführenden Schichten: 1 – präkambrisch, 2 – kambrisch, 3 – silurisch, 4 – devonisch, 5 – karbonisch, 6 – unterpermisch, 7 – oberpermisch, 8 – triassisch, 9 – jurassisch, 10 – Kreide, 11 – Paläogen, 12 – neogen, 13 – quartär und rezent, 14 – unbekanntes Alter nicht auf Kosten des Salzes vor sich gehen, das in den Wässern des Weltozeans enthalten ist.

Dieser Widerspruch gab einigen Wissenschaftlern Anlaß für eine Wiederbelebung der bereits zu Beginn dieses Jahrhunderts geäußerten Vorstellungen über eine Tiefenentstehung der Salzschichten (DE GOLIER, U. KOST, N. A. KUDRJAWTSCHEW u. a.). Die Haltlosigkeit solcher Vorstellungen wurde durch die Resultate der Suche und Erkundung, die im Verlauf von mehr als einem halben Jahrhundert durchgeführt wurden, deutlich gemacht. Es wurden auch andere Vorstellungen geäußert (M. E. ALTOWSKIJ 1962).

Man kann sich nur darüber wundern, daß jetzt nach Vorliegen so umfangreicher Informationen, die die sedimentäre Entstehung der Salzschichten unwiderlegbar aufzeigen, Arbeiten erscheinen können, die frühere Vorstellungen wiederbeleben, die noch in der Zeit geäußert wurden, als es schien, daß die Salzschichten sehr, sehr selten wären und als außerordentliche Erscheinungen hingestellt wurden (J. H. VAN'T HOFF u. a. 1936).

Die Entwicklungsgeschichte der Geologie lehrt, daß viele scheinbare Widersprüche durch Anwendung von Informationen über Prozesse, die noch gegenwärtig ablaufen, gelöst werden können. Es soll versucht werden, diese Prinzipien des Aktualismus auch auf die hier betrachteten scheinbaren Widersprüche anzuwenden. Es ist wirklich interessant festzustellen, welches die Quellen für die Akkumulation des Natriumchlorids in unserer gegenwärtigen Zeit sind.

Rezente Salzkonzentrationen

Eine Untersuchung der rezenten Prozesse der Salzkonzentration zeigt, daß zu Quellen des Natriumchlorids werden können: 1. die Wässer der Meere und Ozeane; 2. alte Salzschichten; 3. alte Gesteine mariner Genese; 4. Chlor, das bei vulkanischen Prozessen an die Tagesoberfläche tritt, und Natrium, das aus Gesteinen verschiedener Genese ausgelaugt wird, nämlich aus magmatischen, metamorphen und einigen terrigenen.

Meere und Ozeane

Die Vorgänge der Salzakkumulation mittels Ausfällung aus Meerwasser werden schon seit 70 Jahren untersucht. Sie wurden in umfangreichen Arbeiten beschrieben, so bei VAN'T HOFF u. a. 1936, BORCHERT 1965 u. a. Deshalb ist es nicht zweckmäßig, bei der gegebenen Frage stehenzubleiben. Es muß ferner festgestellt werden, daß die relativ lokale Verbreitung dieser Vorgänge in der Gegenwart von ziemlich starren Bedingungen zeugt, die für ihre Ausbildung notwendig sind, wie z. B. arides Klima, Fehlen großer Flüsse, gestörter Wasseraustausch mit dem Ozean usw. Auch in solchen Gewässern, die diesen Bedingungen genügen, wie denen des Persischen Golfs, der Lagune von Maracaibo u. a., sind die Prozesse der Salzakkumulation nicht entwickelt. Heutzutage erfolgt die Konzentration von Natriumchlorid lediglich in relativ kleinen Haffs und Lagunen. Auch in einem Golf mittleren Ausmaßes, wie dem Kara-Bogas-Golf, erfolgt keine Akkumulation von Natriumchlorid in bedeutender Menge, sondern es fällt überwiegend schwefelsaures Natrium aus.

Alte Salzschichten

Etwas weniger starre Bedingungen sind für die Ausfällung von Natriumchlorid durch Auswaschung älterer Salzschichten erforderlich. Dieser Prozeß läuft in typisch marinen Becken ab, z. B. im Toten Meer oder in kontinentalen Wasserbecken (Elton-See, Baskunshak u. a.). Obgleich nun der Umfang dieses Prozesses bedeutend sein kann, liegen alle neugebildeten Salzschichten in der Nähe der Oberfläche der alten Salzschichten, auf deren Kosten sie gebildet wurden.

Gesteine mariner Genese

In heutiger Zeit geschieht eine Salzakkumulation durch Auslaugung alter mariner Ablagerungen (terrigener, karbonatischer und toniger) nur unter kontinentalen Bedingungen in abflußlosen Talkesseln (A. I. DSENS-LITOWSKIJ 1968). Was die Meeresbecken betrifft, so tritt nirgends, in keinem der marinen Becken, eine Akkumulation von Salzen durch Wegführung aus alten marinen Sedimenten auf. Das liegt daran, daß die Salzkonzentration in Flußläufen immer niedriger ist als in marinen Gewässern, und der Eintritt dieser Wässer führt zu einer Verdünnung des Meerwassers in den Flußmündungen, was eine Ausfällung der Salze verhindert. So kann man zum Beispiel annehmen, daß die Zuführung des Süßwassers der Flüsse Tigris und Euphrat im Persischen Golf die Hauptursache für das Fehlen von Salzabscheidungen in diesem Becken ist. Sogar im Toten Meer betragen die durch den Jordan zugeführten Salzmengen nur ein Viertel all der Salze, die sich in der heutigen Zeit angehäuft haben: Dreiviertel all dieser Salze bildeten sich jedoch auf Kosten der Auslaugung von Miozän-Salzen, die in der Tiefe lagern.

Obwohl also bekanntermaßen der Salzgehalt des Meerwassers letztlich durch die Zufuhr dieser Salze vom Festland bedingt wird, ist in allen marinen Teilbecken die unmittelbare Akkumulation von Salzen durch die Zufuhr vom Festland durch Flußläufe nicht möglich.

Vulkanische Prozesse

Am wenigsten ist der Prozeß der Salzakkumulation infolge Zuführung durch vulkanische Prozesse und nachfolgender Auslaugung aus den magmatischen Gesteinen erforscht. Außerdem können, wie aus den weiter unten angeführten Fakten ersichtlich wird, die Ausmaße dieser Prozesse bedeutenden Umfang annehmen. Nun kann man feststellen, daß für die Ausfällung der Salze infolge dieser Quelle noch strengere klimatische Bedingungen im Vergleich zur Salzakkumulation auf Kosten der weiter oben beschriebenen Quellen erforderlich sind. So werden z. B. nach Angaben von G. I. SMITH (1965) bei der Verwitterung magmatischer Gesteine auch in der Antarktis Salze ausgeschieden. A. D. SIMUKOW (1938) beschreibt Salzakkumulation in rezenten Seen in der Mongolei, G. W. GIBSON (1962) im Gebiet von Neuseeland. B. W. TKATSCHENKO u. a. beobachteten Zuführungen stark mineralisierter Chloridwässer im Becken der Niederen Tunguska. Wie festgestellt wurde, war die Mineralisation der Wässer durch die Auslaugung tuffitischer und effusiver Gesteine des oberen Teils der Tunguska-Serie bedingt.

So müssen bei bedeutender Zuführung von Chlor- und Natriumionen in ein beliebiges Becken, sowohl in ein marines als auch in kontinentale, die unterschiedliche Tiefen aufweisen, darunter auch größere Tiefen, und die in nahezu beliebigen Klimazonen liegen können, Ablagerungen von Natriumchlorid vor sich gehen. Zum wichtigsten Faktor, der die Entwicklung der Prozesse der Salzakkumulation in solchen Becken kontrolliert, wird das Verhältnis des Anwachsens der ionaren zu den suspendierten zugeführten Stoffen. Beim Überwiegen des ersteren müssen sich die Prozesse der Salzkonzentration intensiv entwickeln, bei bedeutendem Hinzutreten terrigenen Materials, darunter auch tonigem, wird der Prozeß der Anhäufung von Verwitterungsmaterial vorherrschen, und die ionaren Komponenten werden aus den Wasserbecken abgesetzt, vorwiegend im sorbierten Zustand. Es sind theoretische Fälle möglich, in denen beide Prozesse parallellaufen und sich Mischgesteine absetzen müssen, die sogenannten Salztone.

Die Bedingungen der Salzbildung in der Natur sind jedoch sehr kompliziert. In großen Becken der Plattformen oder Zwischengebirgsbecken sind Fälle möglich, in denen das gesamte terrigene Material in den peripheren Teilen sedimentiert wird, jedoch das chemogene in den Zentralgebieten.

Grundlage theoretischer Überlegungen

Es soll untersucht werden, inwieweit diese theoretischen Konstruktionen durch konkrete geologische Daten untermauert werden können. Wenn die weiter oben aufgezeigte Version richtig ist, so muß tatsächlich die Akkumulation überregionaler Salzablagerungen in Zonen mit intensiver Entwicklung des Vulkanismus verlaufen und zeitweise nahezu mit letzterem zusammenfallen oder unmittelbar darauf folgen. Auf der anderen Seite müßte, da sich nach den Angaben verschiedener Forscher die Gesamtsalinität der Wässer der Weltozeane im Verlauf des Phanerozoikums nicht wesentlich veränderte, offensichtlich die Gesamtmenge des Chlors, die bei vulkanischen Prozessen austrat, annähernd der Gesamtmenge des Chlors entsprechen, die in den Salzablagerungen enthalten ist.

Eine Analyse des geologischen Milieus, das während der Periode der Akkumulation der Mehrzahl der überregionalen Salzschichten der Welt herrschte, kann zu der Schlußfolgerung führen, daß zur Zeit der Salzakkumulation oder bis zu ihrem Eintritt in der Nähe der Wasserbecken, in denen die Sedimentation des Salzes vor sich ging, vulkanische Prozesse abliefen. So erfolgten z. B. in der frühkambrischen Epoche gleichzeitig mit der Salzakkumulation im Lenabecken südlich und südöstlich davon auf einer gewaltigen Fläche vulkanische Ergüsse, in deren Ergebnis vulkanogen-effusive Schichten gebildet wurden, deren Mächtigkeit bis zu 9 km erreichte. Es gibt einige Anzeichen dafür, daß dort vulkanische Ergüsse auch unmittelbar im Becken der Salzakkumulation selbst auftraten (A. S. Anziferow u. a. 1969).

Aus umfangreichen Literaturquellen ist bekannt, daß das Devon charakterisiert wird durch eine intensive Entwicklung des Vulkanismus, so im Norden Zentralsibiriens, im Dnepr—Donez-Graben, in einzelnen Zwischengebirgssenken Kasachstans, im Tuwinischen Bogen und in anderen Gebieten.

Besonders gut zu erkennen ist die Verbindung der Salzbildung mit dem Vulkanismus im Perm. Die Menge der akkumulierten Salze in dieser Epoche erreichte ja nahezu ihre maximale Ausbildung im gesamten Postproterozoikum. Am Schluß der frühpermischen Epoche begann die Salzakkumulation in den Gebieten des Zentralteils von Europa, nach einem intensiven Vulkanismus auf dem Territorium westlich der Russischen Plattform gelegen und südlich des Skandinavischen Schildes. Dabei bildeten sich auf großen Teilen des Gebiets kontinentale terrigene Ablagerungen, häufig von roter Farbe, weiter entfernt von den Abtragungsgebieten jedoch Salzablagerungen (Abb.). In der spätpermischen Epoche, als das Zuführungsgebiet bereits weitgehend nivelliert war und die Ablagerung der vulkanischen Massen permischen Alters seinen Abschluß gefunden hatte, breitete sich das Areal der dortigen Salzakkumulationen auf einem Raum von 1,2 Mill. km² aus, innerhalb von dessen Grenzen nahezu 1300000 Mrd. t Steinsalz abgelagert wurden.

Etwa unter denselben Bedingungen entwickelte sich die Salzakkumulation am Ende des Perms im Osten der Russischen Plattform. Nach der intensiven vulkanischen Tätigkeit, die sich im gesamten Ural am Ende des Karbons entwickelte, kam es in der ersten Hälfte der frühpermischen Epoche zur Abtragung eines Gebiets, in dem vulkanische Bildungen auftraten. In der Folgezeit, nachdem das Abtragungsgebiet mehr oder weniger eingeebnet war, begann seine Auslaugung. Die Produkte dieses Prozesses konzentrierten sich in großen Becken, die sich vom heutigen Petschora-Oberlauf bis zum nördlichen Kaspisee über eine Fläche von annähernd 2 Mill. km² erstreckten. Insgesamt lagerten sich hier bis zu $1{,}7 \cdot 10^{15}$ t Salze ab. Es ist sehr wahrscheinlich, daß auf diesen Prozeß der Salzakkumulation ebenfalls jene intensive vulkanische Tätigkeit einen wesentlichen Einfluß ausübte, die vom Südural und aus den gewaltigen Räumen West- und Ostsibiriens bekannt ist.

Den oberjurassischen Salzakkumulationen, die im Norden und Süden des Großen Kaukasus erfolgten, ging ebenfalls eine intensive vulkanische Tätigkeit voraus. Dieser Vulkanismus trat im gesamten Verlauf des Bajocien auf.

Es darf auch nicht die Möglichkeit ausgeschlossen werden, daß die im Apt und Alb erfolgte Salzbildung in den Becken des äußersten Plattformrands des westlichen Äquatorialafrikas und im Osten Brasiliens mit vulkanischen Prozessen verknüpft waren, die im atlantischen Ozean vor sich gingen und verhältnismäßig geringe Verbreitung zeigten (Belmonte & Oth 1965).

Der miozänen Salzbildung, die in den Geosynklinalbecken der Karpathen, des Transkaukasus, Irans und anderer Gebiete erfolgte, ging ebenfalls eine intensive vulkanische Tätigkeit voraus. Diese wirkte manchmal sogar zeitweilig einer Salzakkumulation entgegen.

So zeigt sogar diese flüchtige Betrachtung, daß die geologischen Fakten über die wichtigsten großen Salzbecken, die sich in nachproterozoischer Zeit entwickelten, die weiter oben angeführten theoretischen Vorstellungen unterstützen.

Quantitative Berechnungen

Auf Grund der obenerwähnten theoretischen Vorstellungen sollen nun quantitative Berechnungen angestellt werden, die beweiskräftige Kriterien für die Unhaltbarkeit der früher aufgestellten Hypothesen liefern werden.

Chlor

Zunächst soll die Gesamtchlormenge bestimmt werden, die bei vulkanischen Prozessen zutage gefördert wird. Detailuntersuchungen an Produkten rezenter vulkanischer Tätigkeit zeigen, daß bei diesen Prozessen gewaltige Mengen an Chlor freigesetzt werden. Letzteres kommt auf drei Wegen an die Oberfläche: 1. zusammen mit den gasförmigen Komponenten in Form von gasförmiger HCl, 2. in gelöster Form in Hydrosolfataren und 3. adsorbiert an der Oberfläche pyroklastischer Teilchen (G. S. DSOZENIDSE 1969, E. K. MARCHININ 1967).

Dabei wird der Teil des Chlors, der auf dem ersten Wege an die Oberfläche gelangt, von der Asche adsorbiert. Deshalb wird auch die Gesamtmenge des Chlors, die auf der damaligen Erdoberfläche auftrat, in Wirklichkeit geringer sein als die Summe des gegebenen Materials, das für jeden dieser drei Wege berechnet wurde.

Die Menge des Chlors, die auf den genannten Wegen an die Tagesoberfläche trat, kann annähernd berechnet werden. E. K. MARCHININ nimmt an, daß die Menge der gasförmigen Produkte bei solchen Ausbrüchen im Mittel 1% im Verhältnis zum Gewicht der ausgeworfenen Gesteine beträgt. Der Chlorgehalt in den vulkanischen Gasen schwankt nach Angaben des genannten Wissenschaftlers in weiten Grenzen, von 0,05% bis 1,15%, und kann offenbar im Mittel 0,6% betragen. Daher konnten nach Beginn des Phanerozoikums auf diesem Wege $9 \cdot 10^{13}$ t Chlor ausgeworfen werden. Schätzungsweise diese Größenordnung, etwas über $47 \cdot 10^{13}$ t Chlor, ergibt sich auch, wenn man von den Angaben der zitierten Autoren über die Vulkane des Kurilenbogens ausgeht.

E. K. MARCHININ (1967) schätzt die Gesamtmenge an Chlorwasserstoff, die von den Kurilenvulkanen in 83 Mill. Jahren ausgeworfen wurden, auf $8 \cdot 12^{12}$ t. Wenn man annimmt, daß diese Vulkane ein Zwanzigstel des gesamten vulkanischen Materials der Erde liefern, dann konnten seit Beginn des Phanerozoikums (~ 500 Mill. Jahre) die Solfataren $9{,}5 \cdot 10^{14}$ t Chlor an die Oberfläche bringen.

Schließlich kann die Menge des Chlors, das an die Erdoberfläche in an klastisches Material adsorbierter Form gelangt, wenn man es in Zahlen umrechnet, die von E. K. MARCHININ angeführt wurden, allein für das Phanerozoikum auf 2,08 bis $14{,}4 \cdot 10^{15}$ t oder im Mittel auf $5{,}65 \cdot 10^{15}$ t geschätzt werden.

Wenn angenommen wird, daß die Hälfte des Chlors, das durch Solfataren und Hydrosolfataren zugeführt wird, von der Asche adsorbiert wird, so beträgt die summarische Menge des Chlors, das auf allen drei Wegen im Verlauf des Phanerozoikums zugeführt wurde, annähernd $6 \cdot 10^{15}$ t.

Natrium

Es soll nun versucht werden, die Menge des Natriums zu schätzen, die in die Salzbildungsbecken gelangen konnte, und zwar in erster Linie durch Auslaugung der vulkanischen Gesteine. Nach den Analysendaten schwankt in verwitterten Eruptivgesteinen, die sich bei Unterwasserergüssen gebildet haben, der Gehalt an Na_2O zwischen 1,51 und 5,72%. Folglich kann man annehmen, daß in jeder Tonne von Eruptivgestein 11,2 bis 42,5 kg Natrium enthalten sind.

Wie die Untersuchungen zeigen, besitzt Natrium die größte Beweglichkeit im Verwitterungsbereich im Vergleich zu anderen Elementen (nach Angaben von N. N. GINSBURG & R. S. JASHINA 1962). Bei der Einwirkung von destilliertem Wasser auf Nephelin wurde aus letzterem im Vergleich zu anderen Elementen vor allem Natrium ausgelaugt, und zwar von 1% bis zu seinem Gesamtgehalt im Gestein. Noch stärker lösend wirken schwach saure Lösungen.

S. S. MOROSOW (1957) untersuchte die Absorptionswirkung von einigen Mineral- und Gesteinspulvern (0,005—0,05 mm) auf Kationen bei neunfacher Einwirkung von Wasser mit CO_2 bei einem pH-Wert von 3,90 bis 4,85 im Verlaufe von 144 Tagen (Tab.).

Tab. Gehalt an Na_2O in der Lösung in % der Gehalte der Ausgangsgesteine und Minerale (nach S. S. MOROSOW 1957)

Gestein, Mineral	Gehalt an Na_2O in %
Granit	29,76
Basalt	30,73
Hornblende	24,62
Mikroklin	18,09
Orthoklas	29,88
Phlogopit	62,05

Auf die bedeutende Zuführung von Natrium aus Gesteinen bei der Verwitterung verschiedener Minerale verwiesen auch I. I. GINSBURG & N. A. RUKAWISHNIKOWA (1951).

Wenn man berücksichtigt, daß die Oberflächenwässer in der Regel schwach sauer reagieren und im Verlauf langer Zeiträume auf die Gesteine einwirken, kann man annehmen, daß hierbei 10—20% des primären Natriumgehalts weggeführt wurden. Bei einer angenommenen primären Dichte der Gesteine analog känotyper Effusiva von 2,35 bis 2,50 g/cm³ kann man damit rechnen, daß in jedem Kubikmeter Effusivgestein 26,8 bis 102,0 kg Natrium enthalten sind. Folglich können bei der Auslaugung einer Effusivdecke von 100 m Mächtigkeit aus jedem km² dieser Schicht 0,3 bis 2 Mill. t Natrium ausgelaugt werden, aus denen sich 0,75 bis 5 Mill. t Salz bilden können. Auf diese Weise kann sich aus dem ausgelaugten Natrium eine Salzschicht von 0,36 bis 2,4 m Mächtigkeit bilden. Nimmt man die Gesamtmasse von Effusivgesteinen, die gegenwärtig zutage treten, mit $3 \cdot 10^9$ t an, dann ergibt sich daraus, daß sich im Verlauf von 500 Mill. Jahren in ihnen eine Natriummenge von $45—172 \cdot 10^{15}$ t angehäuft haben wird. Diese Menge ist mehr als ausreichend, um die gesamte Salzmenge zu bilden, die sich in der Sedimenthülle der Erde befindet.

Zu diesen Zahlen muß man noch das Natrium hinzufügen, das aus intrusiven, metamorphosen und sedimentären Gesteinen ausgelaugt wurde. Natrium wird infolge seiner größeren Hydratationsenergie durch Kalium verdrängt. Hieraus erklärt sich auch die Tatsache, daß in Wässern das Atomverhältnis von Kalium zu Natrium um eine, manchmal auch um zwei Größenordnungen geringer ist als in Gesteinen (W. I. LEBEDEW 1957).

Die durchgeführten Berechnungen unterstreichen also ebenfalls die dargelegten theoretischen Vorstellungen, und zwar von der quantitativen Seite.

Atomverhältnis K:Na

in Magmatiten	0,54
in terrigenen Schlämmen	1,39
in Schiefern	21,41
in Fluß- und Seewasser	0,24
in Meerwasser	0,02

Schlußbetrachtungen

Schließlich wird die Richtigkeit der dargelegten Theorie durch Beobachtungen an rezenten vulkanogenen Sedimenten bekräftigt. So sind z. B. die Wässer der Seen, die sich in den Chalderen von Vulkanen auf der Insel Simushir (Kurilen) aus Oberflächenwässern bilden, durch erhöhten Salzgehalt charakterisiert. Dabei bestehen 84,5% der Salze aus Natriumchlorid (K. K. Selenow 1963).

Es muß darauf hingewiesen werden, daß die vorgetragene Theorie nichts gemein hat mit Vorstellungen über eine Tiefenentstehung der Salzschichten. Die Unterschiede bestehen im folgenden: 1. Nach den Vertretern der Tiefenentstehung von Salzen bilden sich diese Salzschichten unmittelbar aus Lösungen, die aus der Erdrinde austreten und folglich keine Stratifizierung aufweisen. 2. Aus diesen Vorstellungen ergibt sich, daß der Prozeß der Bildung von Salzschichten nicht mit dem Sedimentationsprozeß zusammenhängt und infolgedessen nicht durch die wechselnden tektonischen Bewegungen kontrolliert wird. Diese Bewegungen haben nur insofern Einfluß auf die Bildung von Salzschichten, als diese zur Bildung von Tiefenausbrüchen führen.

Nach den Vorstellungen über eine Tiefenentstehung der Salze entstammen nämlich Chlor und Natrium dem Erdmantel. Im Gegensatz dazu vertritt der Autor der vorliegenden Arbeit den Standpunkt vieler anderer Wissenschaftler, in erster Linie den von G. A. Sokolow u. a. (1964). Sie sind der Meinung, daß das Chlor der magmatischen Schmelzen der Sedimenthülle entstammt. Wenn in der Tat fast alle magmatischen Schmelzen mit Ausnahme der Ultrabasite im Resultat der Aufarbeitung in die Tiefe versenkter Gesteine (einschließlich der sedimentären und metamorphen) gebildet werden, dann wird das Chlor, das in den die Gesteinsporen erfüllenden Wässern enthalten ist und von den Tonmineralen gesammelt wird, folglich auch in die Zusammensetzung der letztgenannten eintritt, bei diesem Prozeß zusammen mit Wasserdampf, der infolge der hohen Temperaturen wahrscheinlich in Sauerstoff und Wasserstoff dissoziiert ist, in die Gasphase abgeschieden. Zweifellos tritt eine gewisse Menge des Chlors aus dem Mantel hinzu. Die Menge des genannten Elements jedoch, die neben anderen Stoffen an die Tagesoberfläche gelangt, ist in bezug auf diese Stoffe nicht größer als beim Eintreten aus der Erdkruste, weil im gegenteiligen Falle eine starke Erhöhung des Salzgehalts des Wassers in den Ozeanen beobachtet werden müßte. Wie aber die Ergebnisse von Bohrungen im Ozean zeigen, sind die mittelozeanischen Rücken die wichtigsten Eintrittszonen für Mantelmaterial. Außerdem weisen die paläogeochemischen Daten nicht auf eine Erhöhung der Salzführung des Ozeanwassers im Verlauf des Mesozoikums und Känozoikums hin (M. G. Waljaschko 1963). Zusammenfassend ergeben die obenangestellten Überlegungen, daß das Wesentliche der dargelegten Theorie durch folgende Bezeichnung richtig wiedergegeben werden kann: hypergen-vulkanogen-sedimentäre Entstehung überregionaler und regionaler Salzablagerungen.

Literatur

Altowskij, M. E.: Über die Bildung von Salzlagerstätten. – Tr. WSEGIN-GEO, Sb. 20 (1962).

Anziferow, A. S., B. W. Koriew, L. K. Owtschenow, & B. A. Fuks: Die Entstehung der Diabase in den unterkambrischen Ablagerungen des Irkutsker Amphitheaters. In: Geologie und Erdöl-Erdgas-Führung im Süden Ostsibiriens. Isd. Nedra (1969).

Belmonte, Y., Hirtz & R. Wenger: The salt basins of the Gabon and the Congo (Brazzaville). A tentative palaeogeographic interpretation. In: Salt basins around Africa. – The Elsevier Publishing Company, Amsterdam 1965.

Borchert, H.: Principles of oceanic salt deposition and metamorphism. – Chemical oceanography, v. 2, Academic Press, Nr. I (1965).

Borchert, H., & R. O. Muir: Salt deposits – the orogin, metamorphism and deformation of evaporites. – D. Van Nostrand Ztd., London 1964.

Dsens-Litowskij, A. I.: Die Salzseen der UdSSR und ihr Mineralreichtum. – Isd. Nedra, Leningrad 1968.

Dsozenidse, G. S.: Die Rolle des Vulkanismus bei der Bildung der Sedimentgesteine und Erze. – Isd. Nedra (1969).

Fiweg, M. P.: Typen der Salzbecken. – Trudy VNII Gallurgii, wyp. XXXII (1956).

– Methodik der Kalisalzsuche. – Isd. Nauka, Nowosibirsk 1967.

Gibson, G. W.: Evaporite salts in the Victoria valley region. – New Zealand I. of Geol. and Geophysics, v. 5, N. 3 (1962).

Ginsburg, N. N., & R. S. Jaschina: Experimentelle Untersuchungen im Verwitterungsbereich. – Arb. Inst. Geol. Erzlagerstätten, Petrogr., Miner. Geochem., wyp 74 (1962).

Ginsburg, I. I., & N. A. Rukawischnikowa: Die Minerale der alten Kruste des Urals. – Isd. AN SSSR (1951).

Hoff, J. H. van't, u. a.: Untersuchung der Bildungsbedingungen der ozeanischen Salzablagerungen, insbesondere des Staßfurt-Salzlagers. – Isd. ONTI Chiteoret, Leningrad 1936.

Iwanow, A. A.: Grundlagen der Geologie und Methodik der Suche, Erkundung und Bewertung von Lagerstätten der Mineralsalze. – Gosgeolisdat (1953).

Iwanow, A. A., & Ju. F. Lewizkij: Die Geologie halogener Ablagerungen (Formationen). – WSEGEI, now. ser., t. 35 (1960).

Janshin, A. L.: Über die Tiefe der salzführenden Becken und einige Fragen der Entstehung mächtiger Salzschichten. – Geologija i geofisika, Nr. 1 (1961).

Lebedew, W. I.: Über einige Faktoren, die die Migration der Alkali- und Alkali-Erden-Elemente in der Zone der Hypergenese bestimmen. – Geochimija, Nr. 6 (1957).

Lotze, F.: Steinsalz und Kalisalze. – Geologie-Verl. Gebr. Borntraeger, Bd. III, T. 1, Berlin 1938.

– Die Verbreitung von Evanorinia in Raum und Zeit. In: Probleme der Paläoklimatologie. – Isd. Mir (1968).

Marchinin, E. K.: Die Rolle des Vulkanismus bei der Bildung der Erdkruste am Beispiel des Kurilenbogens. – Isd. Nauka (1967).

Morosow, S. S.: Die Änderung der chemischen Zusammensetzung, der physikalischen und physikochemischen Eigenschaften magmatischer Gesteine und Minerale bei Wechselwirkung mit wäßrigen Lösungen. In: Lösung und Auslaugung von Gesteinen. – Gosstrojisdat (1957).

Pautot, G., I. M. Auzende, & X. Le Pichon: Continuons deep sea salt layer along North Atlantic margins related to early phase of rifting. – Nature, vol. 227, p. 351 (1970).

Pawlow, D. I.: Über die Teilnahme des Chlors an endogenen Prozessen (kritische Sichtung der Literatur). In: Geologie der Erzlagerstätten, Nr. 6 (1964).

Selenow, K. K.: Der untermeerische Vulkanismus und seine Rolle bei der Bildung der Sedimentgesteine. In: Vulkanisch-sedimentäre und terrigene Formationen. – Tr. GIN AN SSSR, wyp. 81 (1963).

Simukow, A. D.: Reisenotizen über Changai und Gobi im Winter 1937. – Sowremennaja Mongolija, Nr. 2 (27), Ulan-Bator 1938.

Smith, G. I.: Evaporite salts from the dry valleys of Victoria Land, Antarctica. – New Zealand I. of Geol., v. 8, N 2 (1965).

Sokolow, G. A., & D. I. Pawlow: Über die Herkunft und die Rolle des Chlors in magmatischen Erzbildungen. In: Dokl. sowetskich geologow, XXII sess. MGK Problem „b", Probleme der Erzgenese. – Isd. Nedra (1964).

Strachow, N. P.: Typen der Lithogenese und ihre Evolution in der Erdgeschichte. – Isd. gosgeoltechisdat (1963).

Tkatschenko, B. W., A. F. Michajlow & B. I. Test: Geologie der Bodenschätze des Zentralteiles des Tunguska-Beckens. – Trudy GGU, Glawsemorputi, t. 11 (1941).

Waljaschko, M. G.: Über die Beständigkeit der Zusammensetzung des Wassers des Weltozeans. – Westnik Moskowskogo gosudarstwennogo Universiteta, Ser. IV, Geologie, Nr. 1 (1963).

Winogradow, A. P.: Einführung in die Geochemie des Ozeans. – Isd. Nauka (1967).

Zur geologischen und strukturellen Charakterisierung der wolframführenden Mineralisationen, insbesondere der Quarz-Wolframit-Gänge des Westerzgebirgischen Teilplutons (Teil 2)

FRIEDRICH SCHUST, Berlin

5. Zur altersmäßigen Zuordnung der W führenden und Sn-freien Mineralisationen des Westerzgebirgischen Teilplutons

Gegenwärtig wird relativ übereinstimmend die Meinung vertreten, daß im Bereich des Westerzgebirgischen Teilplutons die W führenden, Sn-freien Mineralisationen dem älteren postorogenen und die Sn-W führenden Mineralisationen dem jüngeren postorogenen Intrusivkomplex genetisch zuzuordnen sind (u. a. HERRMANN 1964, 1967; LÖTZSCH 1968; CHRT, BOLDUAN u. a. 1968; CHRT 1969, Vortrag in Příbram). Hierbei werden von den genannten Autoren unter „Sn-W führenden Mineralisationen" auch diejenigen verstanden, die nur Sn und kein W führen.

Diese Zuordnung der o. a. Mineralisationen zu den beiden postkinematischen Intrusivkomplexen wird im wesentlichen auf zwei Grundlagen aufgebaut:

1. Es wird angenommen, daß jeder Intrusivkomplex genetisch mit ihm verbundene Mineralisationsphasen besitzt.

2. Dabei wird auf Grund der räumlichen Übereinstimmung das Auftreten von W führenden Sn-freien Mineralisationen genetisch mit den Granitmassiven des älteren Intrusivkomplexes und das der Sn-W führenden Mineralisationen genetisch mit den jüngeren Granitmassiven verbunden. HERRMANN (1967, 1969) trennt in Anlehnung an die Hypothese von KOPTEW-DWORNIKOW (1955, 1959) die Sn–W führenden Mineralisationen des jüngeren Intrusivkomplexes in solche, die er genetisch direkt der Granitmassivbildung (u. a. Sn-W-Lagerstätten der 1. Etappe) zuschreibt, sowie in andere, die aus tieferen Bereichen stammen und deren Bildung mit der Intrusion der magmatischen Ganggefolgschaft zu verbinden ist (u. a. Sn-W-Lagerstätten der 2. Etappe). Die Produkte der 1. und 2. Etappe stammen aus dem gleichen Herd.

Diese Thesen sollen im folgenden mit den vorstehenden Fakten und daraus ableitbaren Schlußfolgerungen verglichen werden.

Problem „Granitischer Phasenkomplex" und „Mineralisationskomplex"

Da der von BILIBIN (1947) und KOPTEW-DWORNIKOW (1952, 1955, 1959) eingeführte Begriff „Intrusivkomplex" verschiedenartige geologische Erscheinungen genetisch direkt miteinander verknüpft und diese Verfahrensweise zu einem Modell führte, das für das Erzgebirge nur bedingt zutrifft und deshalb als Ausgangsbasis für den beabsichtigten Vergleich nicht geeignet erscheint, werden im folgenden Text an Stelle des in erster Linie genetisch begründeten Modells „Intrusivkomplex" einige beschreibende Modelle und Termini eingeführt. Sie beruhen auf Substanz-, Gefüge- und Formmerkmalen und stellen Systeme dar, die in sich nach diesen Merkmalsgruppen weiterhin untergliedert werden können.

Nach dem Vorbild des Modells „Intrusivkomplex" wird auch in den beschreibenden Modellen der Begriff Phase für ein Gebilde verwandt, das innerhalb des übergeordneten Systems auf Grund der obenerwähnten Merkmalsgruppen eine bestimmte Selbständigkeit besitzt und als Untersystem der nächsten Hierarchieebene angesehen werden kann. Eine Gruppe von Phasen bildet ihrerseits einen Phasenkomplex.

Es werden folgende Phasenkomplexe unterschieden:

1. Granitischer Phasenkomplex
Er umfaßt alle granitischen Phasen des sogenannten „Intrusivkomplexes", d. h. die granitischen Phasen der 1. Etappe nach KOPTEW-DWORNIKOW, einschließlich der Aplite.

2. Magmatischer Ganggesteinsphasenkomplex = Ganggesteinskomplex
Dieser schließt die magmatischen Ganggesteine der 2. Etappe nach KOPTEW-DWORNIKOW in sich ein.

3. Mineralisationsphasenkomplex = Mineralisationskomplex
Zu ihm gehören die Mineralisationsphasen der 1. und 2. Etappe nach KOPTEW-DWORNIKOW.

Nach dieser Vorbemerkung wird im folgenden der Zusammenhang zwischen den magmatischen Phasenkomplexen und dem Mineralisationskomplex diskutiert.

Auf Grund der bisherigen geologischen Beobachtungen und Hypothesen ist es nicht unmöglich anzunehmen, daß die plutonischen Magmen und die räumlich mit ihnen verknüpften Mineralisationsphasen teilweise oder vollständig aus einem gemeinsamen „Herdgebiet" stammen können. Dafür sprechen vor allem räumliche, stoffliche und zeitliche Zusammenhänge und das in sich einer gesetzmäßigen Entwicklung unterworfene Bauprinzip eines Plutons und seiner endogenen Nachphasen.

Diese Hypothese ist bei einem Pluton, der nur aus einem granitischen Phasenkomplex und dieser wiederum aus einer möglichst geringen Anzahl von Granitphasen zusammengesetzt ist, unschwer glaubhaft zu machen. Anders sieht dies bei den Plutonen aus, die aus mehreren Granitphasen bestehen, also insgesamt eine kompliziertere geologische Entwicklung genommen haben. Hier kann der Fall eintreten, daß — wie beim Erzgebirgspluton — jeder granitische Phasenkomplex für sich besondere, gesetzmäßig zusammenhängende Merkmale besitzt und — auf dieser Grundlage aufbauend — jedes Massiv dieses granitischen Phasenkomplexes seinerseits wieder gesetzmäßige Entwicklungsetappen aufweist, die eine gewisse Eigenständigkeit der Massive nicht verkennen lassen. Konkret tritt das so in Erscheinung, daß ein granitischer Phasenkomplex räumlich, stofflich und zeitlich als solcher definiert und von anderen unterschieden werden kann und daß die entsprechenden Einzelmassive im Rahmen der Merkmale des granitischen Phasenkomplexes ihrerseits gesetzmäßig aufgebaut sind. Der Erzgebirgspluton setzt sich bekanntlich aus postkinematischen granitischen Phasenkomplexen, einem älteren (vermutlich oberkarbonischen) und einem jüngeren (vermutlich unterpermischen) zusammen. Wahrscheinlich gehören die erzgebirgischen Rotgneise zu einem weiteren, aber prä- oder synkinematischen granitischen Phasenkomplex des Erzgebirgsplutons.

Bis zu einem solchen Kenntnisstand ist die geschichtliche Entwicklung jedes Massivs eines granitischen Phasenkomplexes und damit auch die des gesamten granitischen Phasenkomplexes relativ klar nachweisbar. Bedeutend problematischer wird es aber bei der Zuordnung der sogenannten magmatischen Ganggefolgschaften zu einem Massiv oder zu einem granitischen Phasenkomplex, da die magmatischen Gänge beim Vorhandensein mehrerer der genannten geologischen Kategorien weder stofflich noch strukturell einem bestimmten Komplex sicher zugeordnet werden können.

Bei günstigen geologischen Aufschlußverhältnissen kann manchmal auf Grund relativer Altersbeziehungen die Zuordnung bestimmter Phasen der magmatischen Ganggefolgschaft zu einem granitischen Phasenkomplex wahrscheinlich gemacht werden (so führte u. a. HERRMANN 1967 an, daß Lamprophyre und Granitporphyre von Graniten des jüngeren Komplexes abgeschnitten werden). Komplizierter wird die Zuordnung, wenn die magmatische Ganggefolgschaft genetisch an ein bestimmtes Granitmassiv eines granitischen Phasenkomplexes geknüpft werden soll.

Noch komplizierter wird es aber bei der Zuordnung der postmagmatischen Mineralisationen. Diese sind mit den letzten Phasen des jüngsten granitischen Phasenkomplexes des Erzgebirgsplutons und vor allen Dingen mit den jüngeren Phasen der magmatischen Ganggefolgschaft altersmäßig verzahnt. Teilweise sind die postmagmatischen Mineralisationen jünger als die magmatische Ganggefolgschaft. Die genetische Zuordnung der postmagmatischen Mineralisationen zu einem granitischen Phasenkomplex oder einem Granitmassiv ist infolge des in der Regel größeren zeitlichen Abstands zur Bildungszeit der Intrusivgesteine schwierig und nicht eindeutig.

Die Sn-Mineralisationen erweisen sich z. B. als das Ergebnis eines komplizierten Entwicklungsprozesses. Nach dem heutigen Kenntnisstand setzt sich dieser Entwicklungsprozeß aus zwei vom Charakter her grundverschiedenen Teilprozessen zusammen, die aber beide die Fähigkeit zur Konzentration von Zinn besitzen. Der erste Teilprozeß entspricht der Differentiation im Magma, die zu einer relativen Zinn- und Fluoranreicherung von den älteren zu den jüngeren granitischen Phasenkomplexen und innerhalb derselben von den älteren zu den jüngeren Granitphasen führt. Der zweite Teilprozeß der Zinnmineralisationsbildung — der Mineralisationsbildungsprozeß im engeren Sinne — ist metasomatischer Natur und bewirkt die Herauslösung von Zinn und Fluor aus den zinnspezialisierten Graniten und die Ausfällung des Zinns und Fluors aus den Migrationslösungen, die zu einer relativen Erhöhung der Zinnanreicherung gegenüber den am höchsten zinnspezialisierten Granitphasen und unter günstigen Bedingungen zur Lagerstättenbildung führen kann. Die Wirkung dieser Prozesse — magmatische Anreicherung und metasomatische Lagerstättenbildung — hat TISCHENDORF (1969) für den Erzgebirgspluton beschrieben.

Während der Werdegang der Zinnmineralisationsbildung nach dem modernsten Kenntnisstand relativ klar erscheint, wird dies für Wolfram, das häufig mit dem Zinn gemeinsam auftritt, nicht angenommen. Nach Untersuchungen von BARSUKOW (1964) sind die von ihm studierten Granitoide, in deren Nähe Wolfram- und Molybdänvorkommen auftreten, nicht wolfram- bzw. molybdänspezialisiert. Die daraus gezogene Schlußfolgerung, daß keine oder nur wenig engen genetischen Bindungen zwischen diesen Granitoiden und Wolfram-Molybdän-Vorkommen existieren, erscheint problematisch und zu sehr auf stoffliche Aussagen gestützt. Gleiches gilt für die Ergebnisse von IWANOWA (1969), die die Wolframkonzentration in Greisenlagerstätten praktisch durch Zufuhr von Wolfram und nicht durch Umverteilung erklärt.

Der durch diese Ergebnisse in Frage gestellte innere Zusammenhang der „Sn-W-Formation", nämlich, daß die Sn- und die W-Genese verschieden sein sollen, wird aber durch eine Reihe anderer Faktoren gestützt, vor allem durch die paragenetische Verbindung von Zinn und Wolfram.

Dieser paragenetische Zusammenhang zwischen Zinn und Wolfram, der in einer Reihe erzgebirgischer Lagerstätten realisiert ist, läßt die Schlußfolgerung zu, daß die Bildungsprozesse von Zinn-Wolfram-Mineralisationen ähnlich denen reiner Zinnmineralisationen verlaufen können.

Damit ist aber auch der genetische Zusammenhang zwischen der Entwicklung magmatischer Komplexe und der mit ihnen räumlich verbundenen Mineralisationen klargestellt, nämlich, daß eine magmatische Anreicherung im magmatischen Zustand erfolgen und zu magmatisch spezialisierten Gesteinen führen kann und daß die Mineralisationen metasomatische Produkte sind, deren Quellen verschiedener Natur sein können.

Für unseren speziell zu behandelnden Fall, nämlich die Entwicklung der „Sn-W-Formation" im Bereich des Westerzgebirgischen Teilplutons, ist zu prüfen, welche der im folgenden aufgeführten Zuordnungen einen höheren Wahrscheinlichkeitsgrad besitzt:

1. Zuordnung der Mineralisationen zu einem bestimmten Massiv.
2. Zuordnung der Mineralisationen zu einem bestimmten granitischen Phasenkomplex.
3. Zuordnung der Mineralisationen zu einem bestimmten Pluton.

Diskussion der Zuordnungsmöglichkeiten der W und/oder Sn führenden Mineralisationen im Bereich des Westerzgebirgischen Teilplutons

Bei der Diskussion ist es möglich, auf Grund des geltenden Kenntnisstandes und geltender Hypothesen und unter Beachtung der im vorhergehenden Abschnitt genannten Zuordnungsproblematik von zwei Annahmen auszugehen:

1. von der Existenz älterer Wolfram- und jüngerer Zinn- bzw. Zinn-Wolfram-Mineralisationen;
2. von der Existenz von Zinn-, Wolfram- und Zinn-Wolfram-Mineralisationen, die nicht an einen bestimmten granitischen Phasenkomplex gebunden sind und einem Mineralisationszyklus angehören, der sich im wesentlichen nach der Bildung des jüngsten granitischen Phasenkomplexes des Erzgebirgsplutons entwickelte.

Bei der Diskussion der erstgenannten Annahme ergibt sich folgende Gegenüberstellung:

Für eine genetische Bindung der W führenden

Mineralisationen an den älteren granitischen Phasenkomplex und der Sn-W führenden Mineralisationen an den zinnspezialisierten jüngeren granitischen Phasenkomplex sprechen:

a) das häufige Auftreten von W-Vorkommen im Bereich des älteren granitischen Phasenkomplexes;

b) das starke Zurücktreten der W-Mineralisation im jüngeren granitischen Phasenkomplex;

c) das Auftreten von Wolframit-Kassiterit-Mineralisationen (Erzschläuche des Hahnewalder Ganges) im jüngeren granitischen Phasenkomplex;

d) die hypothetische Prämisse, daß jeder granitische Phasenkomplex, vielleicht auch jedes Granitmassiv, eigene Mineralphasen besitzen kann.

Gegen eine derartige Vorstellung sprechen:

a) die strenge Raumlagetrennung von W-(Mo-) und Sn-Mineralisationen innerhalb der Aufschlüsse des jüngeren granitischen Phasenkomplexes; z. B. stellen die Kassiterit führenden Quarz- und Greisentrümer und die Quarz-Wolframit-Gänge in der Lagerstätte Gottesberg unterschiedliche geologische Elemente dar, d. h., Kassiterit-Wolframit-Trümer treten nicht auf. Eine Ausnahme bilden die Sn-W-Mineralisationen führenden, Mo-freien(?) Erzschläuche im Hahnewalder Gang;

b) das Auftreten von W-(Mo-)Mineralisationen nur in den Bereichen des jüngeren granitischen Phasenkomplexes, die zu einem Wolframerz-Bezirk gehören. Im Zentralteil des Eibenstocker Massivs, also außerhalb der Wolframerz-Unterbezirke am Westkontakt sind nur Sn-, aber keine W-Mineralisationen vorhanden;

c) das unterschiedliche Raumlageverhalten der W-(Mo-) Mineralisationen gegenüber den Sn-Mineralisationen innerhalb des jüngeren granitischen Phasenkomplexes und das gleichartige Lageverhalten der W-(Mo-)Mineralisationen aus dem jüngeren und aus dem älteren granitischen Phasenkomplex, aber Mo-Mineralisationen (TISCHENDORF u. a. 1971; CHRT & KLOMINSKY 1964; ŠTEMPROK 1967).

d) der Vergleich mit der Situation im Osterzgebirge. Dort treten Sn- und W-(Mo-)Mineralisationen nur im Bereich des jüngeren Granitkomplexes auf. Die älteren Granitmassive führen keine W-(Mo-) und keine Sn- oder Sn-W-Mineralisationen.

Im Ergebnis dieser Gegenüberstellung ist festzustellen, daß die detaillierten Betrachtungen gegen eine eindeutige genetische Bindung der W-(Mo-)Paragenesen an den oberkarbonischen Phasenkomplex sprechen.

Bei der Betrachtung der Fakten unter dem Aspekt, der der zweiten Annahme entspricht, ergibt sich folgender Stand:

a) Die W-(Mo-)Mineralisationen im Verbreitungsgebiet beider granitischer Phasenkomplexe enthalten fast keinen Kassiterit, und die Sn führenden Mineralisationen des Westerzgebirgischen Teilplutons, die nur im jüngeren granitischen Phasenkomplex auftreten, besitzen fast keinen Wolframit bzw. Scheelit und Molybdänit. Das heißt, daß zwischen den W-(Mo-)Mineralisationen, die räumlich an den älteren granitischen Phasenkomplex, und denen, die räumlich an den jüngeren granitischen Phasenkomplex gebunden sind, keine prinzipiellen Unterschiede in bezug auf das Verhältnis von W-(Mo-) und Sn-Führung bestehen. (Als Ausnahme sind wiederum Sn-W führende, Mo-freie Erzschläuche im Hahnewalder Gang zu nennen.)

b) Die Hauptanordnungen der Sn-Mineralisationen sind E—W gerichtet. Die bedeutendsten Vorkommen von Sn-Mineralisationen (Schneckenstein—Kielberg, Gottesberg, Carlsfeld, Auersberg, Rabenberg, Breitenbrunn in Sachsen und Prebusz, Rotava, Blatna Hora und Zlaty Kopec in Böhmen) liegen im E—W gerichteten Südteil des dreieckförmigen Sn-Erz-Verteilungsgebiets.

Im Zentralteil des Eibenstocker Massivs treten nur Sn-, aber keine W-(Mo-)Mineralisationen auf. Letztere sind nur an die östlichen und westlichen Randbereiche des jüngeren granitischen Phasenkomplexes und an das Verbreitungsgebiet des älteren granitischen Phasenkomplexes gebunden.

Das regionale Lageverhalten der Sn- und das der W-(Mo-) Mineralisationen ist also verschieden.

c) Die W (Mo) führenden Trümer streichen fast ausschließlich NW—SE und fallen senkrecht zur nächsten Granitmassivkontaktfläche ein. Die W-Trümer in Granitmassiven fallen NE. Eine Ausnahme bilden in bezug auf Streichen und Fallen die W führenden Trümer in Gottesberg. Die Sn führenden Trümer streichen gebietsweise verschieden, überwiegend jedoch E—W. Bei NW streichenden Sn-Trümern (bei Mühlleithen SW fallender Kontakt!) und bei Gottesberg ist das Einfallen generell SW gerichtet! Das strukturelle Verhalten der Quarz-Wolframit-(Molybdänit-)(Wolframit-Greisen-) Trümer ist also in sich gleich, aber prinzipiell anders als das der Quarz-Kassiterit-(Kassiterit-Greisen-)Trümer.

d) Im Osterzgebirge sind nur W-(Mo-)Sn-Mineralisationen bekannt, die jünger als die jüngeren granitischen Phasenkomplexe sind. Ihre Raumlagen wurden bisher nicht spezifiziert untersucht.

Im Ergebnis der Betrachtungen ist festzustellen, daß die Möglichkeit und Notwendigkeit einer genetischen Trennung der W (Mo) führenden und der Sn führenden Mineralisationen durchaus gegeben sind und sachlich begründet werden können. Versucht man, die gesamten W-(Mo-) und Sn-Mineralisationen zu erfassen, so ergibt sich die Notwendigkeit, im Westerzgebirge neben einer W-(Mo-) und neben einer Sn-Mineralisation eine Sn-W-Mineralisation (Erzschläuche des Hahnewalder Ganges) zu akzeptieren. Mit der objektiv möglichen Trennung der W (Mo) führenden und der Sn führenden Mineralisation ist aber auch die Wahrscheinlichkeit gegeben, daß die W (Mo) führenden Mineralisationen der jüngeren und der älteren Massive gleich alt und damit jünger als der jüngere granitische Phasenkomplex sind. Daraus ergibt sich wiederum das Problem der relativen Altersfolge der Sn- und der W-(Mo-)Mineralisationen.

Die relative Alterseinstufung der Wolframitmineralisationen

Die Einstufung der Quarz-Wolframit-Gänge in eine relative Altersfolge endogener Erscheinungen, bezogen auf das Kirchberger Massiv und damit auf endogene Bildungen, deren ältere sicher zum oberkarbonischen granitischen Phasenkomplex zu rechnen sind, wurde in Kapitel 3 dieser Arbeit vorgenommen. Unter Berücksichtigung der Tatsache, daß die W-(Mo-)Mineralisationen wahrscheinlich in die Gruppe der sogenannten unterpermischen Mineralisationsphasen gehören, sind die Altersvergleiche auch zwischen den Mineralisationsphasen zu ziehen.

Im oberen Teil des Hauptgreisenkörpers der ehemaligen Grube Tannenberg—Mühlleithen am Westkontakt des Eibenstocker Massivs treten nicht näher beschriebene Quarz-Wolframit-Trümer auf. Im Greisenkörper 4 dieser Grube, einem ehemaligen Quarzporphyrschlot, ist ein Quarz-Wolframit-Gang von maximal 0,15 m Mächtigkeit auf ca. 40 m Länge nachgewiesen worden (BAUMANN & GORNY 1964). Unter der Annahme, daß alle Greisenstöcke des Lagerstättengebiets gleich alt sind, und unter Berücksichtigung der Tatsache, daß ein Teil dieser Greisenstöcke im Granit Typ Eibenstock aufsitzt, ergibt sich, daß die Quarz-Wolframit-Gänge dieses Gebiets jünger als die jüngeren Granite und jünger als die Greisen sind. Gleiches gilt für die Quarz-Wolframit-Gänge von Gottesberg und

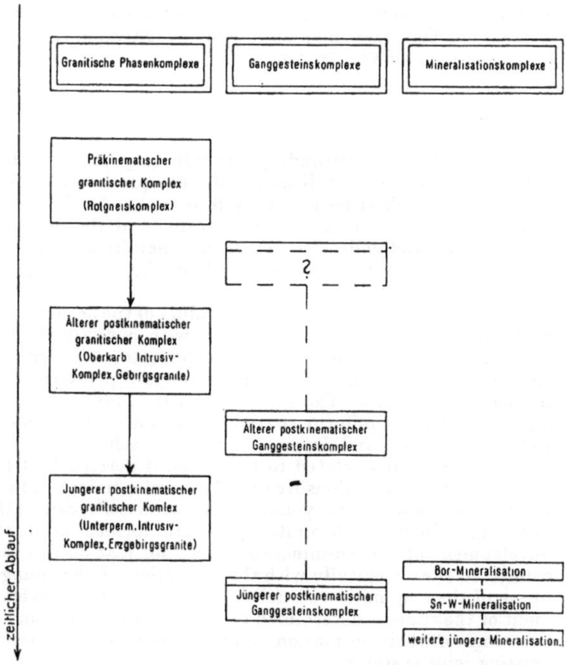

Abb. 8. Schema der am Aufbau des Erzgebirgsplutons beteiligten älteren endogenen Gruppierungen und Komplexe in zeitlicher Folge (beschreibende Darstellung der Erscheinungsform des Erzgebirgsplutons an der Erdoberfläche und in den uns zugänglichen Teilen der Erdkruste)

Durchgezogene Linien: nachgewiesene stoffliche Magmenspezialisierung im Sinn einer fortschreitenden Entwicklung; unterbrochene Linien: nicht nachgewiesene Spezialisierung

vermutlich auch für die kaum bekannten Trümer der Grube „Luise" bei Brunndöbra. In diesem Zusammenhang gewinnt ferner die Tatsache an Bedeutung, daß auch in den unterpermischen Greisenstöcken von Horní Slavkov herzynisch streichende Quarz-Wolframit-Trümer auftreten. Die Quarz-Wolframit-Trümer des Westerzgebirgischen Teilplutons sind demnach jünger als die Sn führenden Greisenstöcke. Die Altersbeziehungen der Quarz-Wolframit-Trümer zu den Sn-W-Erzschläuchen des Hahnewalder Ganges sind nicht bekannt.

Diese Altersfolge darf nicht ohne weiteres generalisiert werden. In anderen Teilplutonen kann die W-Führung andere Alterspositionen einnehmen.

Über die relative Alterseinstufung der W führenden skarnoiden Mineralisationen sind bisher keine Fakten mitgeteilt worden.

Einstufung der Sn-W-Formation in das Entwicklungsschema des Erzgebirgsplutons

Die früher allgemein vorgenommene genetische Bindung der Sn-W-Mineralisation an bestimmte Massive ist mit fortschreitender Erkenntnis einer Zuordnung zu bestimmten Intrusivkomplexen gewichen (Herrmann 1967; Lötzsch 1968). Die vorstehenden Ausführungen ergeben, daß man dem oberkarbonischen granitischen Phasenkomplex keine Mineralisationsphasen der „Sn-W-Formation" zuordnen muß. Da die gleiche Aussage auch für den prä- oder synkinematischen Rotgneiskomplex gilt, ist die gesamte „Sn-W-Formation" zeitlich nach der Bildung des jüngeren granitischen Phasenkomplexes, dem jüngsten granitischen Phasenkomplex des Erzgebirgsplutons, einzuordnen.

Damit gelangt man zu der Aussage, daß der Erzgebirgspluton in der Endphase seiner Entwicklung und im Ergebnis der während seiner gesamten Geschichte erfolgten Spezialisierungen sowie durch die Einwirkung von Lösungen eine Reihe von Sn-W-(Mo-)Mineralisationsphasen hervorgebracht hat, deren gesamten Komplex wir heute als „Sn-W-Formation" bezeichnen. Die gesamte Entwicklung verlief nicht gleichmäßig, sondern in Intervallen, d. h. in stofflich, räumlich und zeitlich definierbaren Sprüngen.

Beschränkt man sich bei der Entwicklung der Vorstellungen über den Bau des Erzgebirgsplutons auf dessen direkt nachweisbare Eigenschaften und ihre Wechselbeziehungen, d. h., läßt man hypothetische Überlegungen, vor allem über genetische Zusammenhänge zwischen den magmatischen Komplexen und den Mineralisationen weitgehend außer acht, so erhält man ein Modell, das, formalbeschreibend, die tatsächlichen Verhältnisse an der Erdoberfläche und im uns zugänglichen Teil der Erdkruste widerspiegelt. Auf dieser Grundlage lassen sich die endogenen Bildungen des Erzgebirgsplutons nach Substanz-, Gefüge- und Formmerkmalen in drei Gruppierungen zusammenfassen, die ihrerseits in einzelne Komplexe zerfallen, die schließlich auch zeitliche und räumliche Besonderheiten gegenüber anderen aufweisen können:

Komplexe granitischer Phasen, einschließlich der Ganggranite und Aplite,
Komplexe magmatischer Ganggesteinsphasen,
Komplexe von Mineralisationsphasen.

Diese Komplexe überlagern sich zeitlich. Ein Schema, das neben den Darstellungen der Gruppierungen und der Komplexe, die am Aufbau des Erzgebirgsplutons beteiligt sind, auch den zeitlichen Ablauf berücksichtigt, besitzt folgende Form (Abb. 8).

Zeitliche Übergänge und Verzahnungen der Phasenkomplexe miteinander sind nachgewiesen, so z. B. die „Zwischengranite" (Tischendorf 1969, Schust 1965), die stofflich zwischen den oberkarbonischen und den unterpermischen Graniten stehen und nach geologischem Befund älter als die unterpermischen Granite sind. Ferner ist von Bolduan (1964a) beschrieben, daß in Geyer Gänge mit Sn-W-Mineralisationen von jüngeren Graniten durchsetzt werden. Außerdem gibt es im Erzgebirge Phasen der magmatischen Ganggefolgschaft, die älter, und andere, die jünger als Teile der „Sn-W-Formation" sind (Literaturangaben siehe Schust 1968).

Diese zeitliche und räumliche Verzahnung von granitischen Komplexen, die im oberen Teil der Erdkruste entstanden sind, mit der magmatischen Ganggefolgschaft, die teilweise von oberen Teilen des Mantels abgeleitet wird, und den Phasen der „Sn-W-Formation" bei gleichzeitiger Trennung der Bildungsetappen der genannten Einheiten spricht für gemeinsam benutzte Aufstiegswege, d. h. für die Bindung dieser verschiedenartigen Phasenkomplexe an tiefreichende von Zeit zu Zeit aktivierte Schwächezonen der Erdkruste und des oberen Erdmantels.

Zusammenfassung

Einleitend werden zum besseren Verständnis eine strukturelle Klassifizierung der Quarz-Wolframit-Trümer und ihrer Verbreitungsgebiete und eine kurzgefaßte Beschreibung der geologisch-strukturellen Verhältnisse der Vorkommen gegeben.

Die Anordnung der Einzeltrümer und der Trümerkollektive ist generell kulissenartig, und die Kulissen sind bis auf eine Ausnahme nach gleichem Prinzip angeordnet.

Die mittleren Streich- und Einzelwerte der Vorkommen streichen bei einer Ausnahme mit relativ geringer Streuung NE–SW. Im Gegensatz dazu streuen die Fallwerte beträchtlich und fallen im Exokontaktbereich stets in Richtung der Granitoberfläche ein. Die Trümer inmitten der Granitmassive fallen NE. Aus dem einheitlichen räumlichen Verhalten der Quarz-Wolframit-Trümer und aus der Tatsache, daß Scheelit führende Skarne in räumlichem Zusammenhang mit den Trümern auftreten, wird abgeleitet, daß die W führenden Sn-freien Mineralisationen gleich alt sein können, unabhängig von ihrer Lage im Bereich älterer oder jüngerer Granitmassive. Die Bildung der Quarz-Wolframit-Trümer erfolgt nach der Bildung der Sn-Mineralisation und ist ebenso wie diese zeitlich mit der Bildung der jüngeren Phase der magmatischen Ganggefolgschaft verknüpft. Die tektonische Anlage der Trümer wird durch die zur Zeit ihrer Bildung bestehenden Kräftepläne bestimmt und durch bereits existierende Kluftsysteme modifiziert.

Die W führenden Mineralisationen treten, im Gegensatz zu ihrem räumlichen Verhalten im Osterzgebirge, in Verbreitungsgebieten auf, die randlich zum Verbreitungsgebiet der Sn führenden Mineralisationen liegen und dieses nur im Westen (Gottesberg–Mühlleithen) und im Osten (Pöhla–Rittersgrün) überschneiden.

Im Ergebnis der Untersuchung wird die Schlußfolgerung gezogen, daß Sn- und W-Mineralisationen Teile eines Mineralisationskomplexes sind, der in seinen wesentlichen Teilen nach der Bildung des jüngsten postkinematischen granitischen Komplexes entstand und der die letzte Etappe der Entwicklung der Erzgebirgsplutons darstellt.

Резюме

В вводной части для лучшего понимания дается структурная классификация кварцево-вольфрамитовых прожилков и областей их распространения, а также краткое описание геолого-структурных особенностей мест проявления.

Расположение отдельных прожилков и их коллекторов в общем кулисообразно, причем кулисы расположены по единому принципу (с одним исключением).

Средние и частные значения линий простирания прожилков направлены с относительно небольшим рассеиванием с северо-востока на юго-запад (с одним исключением). В отличие от этого углы падения обладают большой дисперсией и направлены в зоне экзоконтакта всегда в сторону поверхности гранита. Прожилки по середине гранитного массива падают на северо-восток. По единому пространственному поведению кварцево-вольфрамитовых прожилков и по пространственной связи прожилков с шеелитоносными скарнами делается вывод о возможном одинаковом возрасте свободных от олова вольфрамоносных минерализаций, независимо от их расположения среди более молодых или более древних гранитных массивов. Образование кварцево-вольфрамитовых прожилков происходило после образования оловоносного оруденения и связано подобно последнему с временем возникновения более молодой фазы магматических жильных составляющих. Тектоническая картина прожилков определяется напряженным состоянием массива во время их образования и модифицируется имеющимися системами трещин.

В отличие от их пространственного поведения в восточной части Рудных гор вольфрамоносные минерализации находятся в областях распространения, примыкающих к краям участков с оловоносной минерализацией и пересекающих последние только на западе (Готтесберг — Мюллайтен) и на востоке (Пёла — Риттерсгрюн).

В итоге исследования делается вывод, что оловоносная и вольфрамоносная минерализации являются частями единого комплекса фаз оруденения, который в главной своей части возник после образования младшего посткинематического гранитного комплекса и представляет собой завершающий этап развития плутона в западной части Рудных гор.

Summary

For a better understanding, introductory remarks deal with a structural classification of the quartz-wolframite spurs and their distribution, as well as with a brief description of the geological-structural conditions of the deposits.

Individual and collective spurs are generally arranged en échelon, with the échelons arranged by the same principle except for one of them.

The average strike and individual values of the occurrences, with one exception, strike NE–SW with a relatively low scattering, unlike the dip values which scatter considerably, and in the zone of the exocontact alsways dip towards the surface of the granite. The spurs amidst the granatic massifs dip NE. From a uniform spatial behaviour of the quartz-wolframite spurs, and from the fact that scheelite-bearing skarns are spatially related to the spurs, is derived that the W-bearing mineralizations free from Sn, independent of their position within older and younger granitic massifs, can be the same age. Quartz-wolframite spurs are formed after the development of the Sn-mineralization and, just as this, are connected chronologically with the formation of the younger phase of the magmatic vein following. The tectonic development of the spurs is determined by plans of forces existing at the time of their formation, and is modified by already existing joint systems.

Contrary to their spatial behaviour in the East Erzgebirge, W-bearing mineralizations occur in distributive provinces situated at the margin of the distributive province of Sn-bearing mineralizations, overlapping it only in the west (Gottesberg–Mühlleithen) and in the east (Pöhla–Rittersgrün).

The result suggests the conclusion that Sn and W-mineralizations are parts of a complex of mineralizing phases formed in its essential parts after the formation of the youngest post-kinematic granitic complex, and which represents the last stage of development of the Erzgebirge pluton.

Literatur

BARSUKOW, W. L.: Zur metallogenetischen Spezialisierung von Granitintrusionen. – Chimija zemnoj kory, T. 2, 196–214, Moskau 1964 (russ.).

BARTH, F.: Ergebnisbericht über die geologischen Untersuchungsarbeiten auf Wolframerze bei Eich/Vogtl. im Jahre 1953. Unveröff. Ber., Archiv zentr. geol. Inst., Berlin 1953.

– Ergebnisbericht über die geologischen Untersuchungsarbeiten auf Wolfram im Jahre 1953 im Gebiet der Heßmühle. – Unveröff. Ber., Archiv zentr. geol. Inst., Berlin 1954.

BAUMANN, L.: Kartierung der Lesesteinfundpunkte von Quarz-Wolframit-Gängen am östlichen Muldehang gegenüber der Wolframitgrube Zschorlau. – Unveröff. Studienarbeit, Miner. Inst., Bergakad. Freiberg, Freiberg 1951.

BAUMANN, L., & S. GORNY: Neue tektonische und petrographische Untersuchungsergebnisse in der Zinnerzlagerstätte Tannenberg–Mühlleithen. – Freiberger Forsch.-H., C 181, 89–118, Leipzig 1964.

BAUMANN, L., E. DONATH & E. KRETZSCHMAR: Beiträge zur Tektonik und Paragenese der Wolframitlagerstätte Pechtelsgrün i. V. – Freiberger Forsch.-H., C 181, 7–36, Leipzig 1964.

BILIBIN, Ju. A.: Obšieč principy metallogeničeskich issledovaniy (Allgemeine Grundsätze metallogenetischer Untersuchungen). – Izv. AN SSSR ser. geol., No. 5, Moskva 1947.

BOLDUAN, H.: Genetische Untersuchung der Wolframitlagerstätte Pechtelsgrün/V. unter besonderer Berücksichtigung der Verteilung des H/F-Koeffizienten und der Spurenelemente Niob und Tantal im Wolframit – Freiberger Forsch.-H., C 10, 46–61, Berlin 1954.

– Mineralogisch-lagerstättenkundliche Verhältnisse der Wolframitgänge von Tirpersdorf i. V. – Freiberger Forsch.-H., C. 181, 57–80, Leipzig 1964.

– Geologie und Genese der Zinn-Wolfram-Lagerstätte Geyer (Erzgebirge). – Freiberger Forsch.-H., C. 167, 7–34, Leipzig 1964 [1964a].

BOLDUAN, H., & H. SIPPEL: Die Wolframitvorkommen im Raum Stangengrün–Röthenbach i. V. – Freiberger Forsch.-H., C 181, 37–56, Leipzig 1964.

BOLDUAN, H., G. HÖSEL & H. SIPPEL: Die Wolframitlagerstätten im Raum Aue–Lauter (Erzgebirge). – Geologie, 13, 6/7, 855–863, Berlin 1964.

CHRT, J.: Wolframitová loziska v okoli rotavy n Kraslic.

CHRT, J., & J. KLOMINSKÝ: Mineralizace telnického granidioritoveho tělesa v Krušných horách. – Věstn. ŮÚG, roč. XXXIX, 117–126 (1964).

CHRT, J., H. BOLDUAN, K.-H. BERNSTEIN, J. GEGIERSKI u. a.: Räumliche und zeitliche Beziehungen der endogenen Mineralisationen der Böhmischen Masse zu Magmatismus und Bruchtektonik. – Z. angew. Geol., 14, 7, 362–376, Berlin 1968.

DONATH, E.: Das Zinnbergbaugebiet von Gottesberg und Mühlleithen i. V. – Freiberger Forsch.-H., C 181, 119–134, Leipzig 1964.

FISCHER, G.: Skizze der Wolframitverbreitung um das Rothauer Granitmassiv. – Unveröff., Archiv zentr. geol. Inst., Berlin 1940.

FRANKE, R., & L. FRÖHLICH: Einige Ergebnisse geoelektrischer Untersuchungen im Gebiet der vogtländischen Wolframitlagerstätten. – Freiberger Forsch.-H., C 181, 81–88, Leipzig 1964.
GALILÄER, L., G. HÖSEL & G. M. UTECHIN: Über Borminerale und Scheelit im Skarn von Pöhla (Erzgebirge). – Z. angew. Geol., 10, 12, 661–663, Berlin 1964.
HARLASS, E., & H. SCHÜTZEL: Zur Stellung der Barytgänge in der Wolframitlagerstätte Aue (Sachsen). – Z. angew. Geol., 11, 10, 521–524, Berlin 1965.
HERRMANN, G.: Die Granite des Westerzgebirges. – Vortrag bei der SDAG Wismut, Karl-Marx-Stadt 1964.
– Die Granite des Westerzgebirges und des Vogtlands und ihre Beziehungen zu granitischen Gesteinen benachbarter Räume. – Unveröff. Diss., Sekt. Geowiss., Bergakad. Freiberg, Freiberg 1967.
– Der Zeitfaktor bei der Bildung von endogenen Zinnlagerstätten. – Z. angew. Geol., 15, 7, 343–344, Berlin 1969.
HÖSEL, G.: Die Skarnlager im Raum Schwarzenberg (Erzgebirge), – Autorreferat, Ber. dt. Ges. geol. Wiss., B, 12, 3, S. 321, Berlin 1967.
HÖSEL, G., & L. PFEIFFER: Geologie, Petrographie und Genese der Skarnlagerstätte Pöhla. – Z. angew. Geol., 11, 4, 169–180, Berlin 1965.
IWANOWA, G. F.: Über die Bedingungen für eine Wolframkonzentration im Vergreisungsprozeß. – Geochimija, Nr. 1, 22–32 (1969) (russ.).
JUNKER, H.: Montangeologische Bearbeitung der Zinnlagerstätten des Eibenstocker Massivs. – Unveröff. Dipl.-Arb., Archiv Bergakad. Freiberg, Freiberg 1928.
KAEMMEL, T.: Zur Petrogenese des Hauptgreisenstocks der Zinnlagerstätte Mühlleithen (Tannenberg) im Vogtland/Sachsen. – Freiberger Forsch.-H., C 181, 135–145, Leipzig 1964.
KIRSCH, H.: Die metasomatische Skarn-Zink-Lagerstätte von Gelbe-Birke-Fundgrube bei Schwarzenberg im Erzgebirge. – Neues Jb. Mineralog., Abh., 80, Stuttgart 1956.
KOPTEW-DWORNIKOW, V. S.: Problema magmatičeskoj petrografij v svjaz' s formirovaniem gidrotermal'nych mestoroždenij (Das Problem der Magmatit-Petrographie in Beziehung zur Bildung hydrothermaler Lagerstätten). – Im Sammelband: Magmatism i svaz' s nim poleznych iskopaemych (Magmatismus und die Beziehung zu seinen Bodenschätzen), Moskva 1955.
– Voprosy terminologii imejuščie otnošenie k izučenju geologii izveržennych porod (Fragen der Terminologie, die zum Studium der Geologie von Eruptivgesteinen Beziehung besitzen), – Bjul. Mosk. Obšč. Isp. Prir., Moskva 1959.
KURDJUKOW & W. FEIRER: Scheelitvererzung in Skarnen des Exokontaktes des Bergener Granitmassivs. – Z. angew. Geol., 9, 2, 57–61, Berlin 1963.
LIPPOLD, D.: Kluftmessungen und Lesesteinkartierung im Gebiet Wernesgrün–Wildenau. – Unveröff., Archiv VEB Geol. Forsch. u. Erkund., Betriebsteil Freiberg, Freiberg 1960.
LÖTZSCH, F.: Zur metallogenetischen Analyse des Südens der DDR. – Z. angew. Geol., 14, 7, 338–355, Berlin 1968.
OELSNER, O. W.: Die pegmatitisch-pneumatologischen Lagerstätten des Erzgebirges mit Ausnahme der Kontaktlagerstätten. – Freiberger Forsch.-H., C 4, 80 S., Berlin 1952.
RADKEWITSCH, I. A.: Die Wechselbeziehungen zwischen Zinn- und Wolframmineralisation. – In: „Die genetischen Typen, die Bildungsverhältnisse und die Verteilungsgesetzmäßigkeiten der Zinn- und Wolframlagerstätten des nordwestlichen Sektors des Pazifischen Erzgürtels", S. 28 bis 31, Wladiwostok 1966.
SCHALCH, F.: Erläuterungen zur geologischen Spezialkarte d. Kgr. Sachsen, Sektion Schwarzenberg (1884).
SCHATALOW, E. T.: Vorschläge zur Bezeichnung und Definition erzführender Flächen. – Z. angew. Geol., 16, 7/8, 339–343, Berlin 1970.
SCHRÖDER, M.: Erläuterungen Blatt Oelsnitz–Bergen, geologische Spezialkarte 1:25000, Leipzig 1890.
SCHULZE, H., P. OSSENKOPF & C. SCHÖNING: Geologisch-lagerstättenkundliche Untersuchungsergebnisse aus der sog. Löwenhainer Greisenzone und der Hegelshöhe bei Bärenstein. – Freiberger Forsch.-H., C 218, 63 bis 82, Leipzig 1967.
SCHUST, F.: Zu den Granitvarietäten des Eibenstocker Zinnreviers im Westerzgebirge, – Z. angew. Geol., 11, 1, 4–11, Berlin 1965.
– Strukturelle Probleme der regionalen Metallogenie des Erzgebirges und Vogtlands. – Z. angew. Geol., 14, 2, 57–65, Berlin 1968.
ŠTEMPROK, M.: Genetische Probleme der Zinn-Wolfram-Vererzung im Erzgebirge. – Mineralium Deposita, 2, 102–118 (1967).
TISCHENDORF, G.: Stand der Kenntnisse bei der Suche nach Zinnlagerstätten im Osterzgebirge. – Z. angew. Geol., 10, 5, 225–238, Berlin 1964.
– Über die kausalen Beziehungen zwischen Granitoiden und endogenen Zinnlagerstätten. – Z. angew. Geol., 15, 7, 333–342, Berlin 1969.
TISCHENDORF, G., S. LÄCHELT & R. HAAKE: Zur Problematik der Verteilung von Zinnmineralisationen in Raum und Zeit. – Ber. DGGW, A, 16, 3–5, 379–394 (1971).
TISCHENDORF, G., S. LÄCHELT & J. RENTZSCH: Zu Problemen der Metallogenie in der Deutschen Demokratischen Republik. – Z. angew. Geol., 15, 9, 455–472, Berlin 1969.
TISCHENDORF, G., J. WASTERNACK, H. BÖLDUAN & E. BEIN: Zur Lage der Granitoberfläche im Erzgebirge und Vogtland. – Z. angew. Geol., 11, 8, 410–423, Berlin 1965.
WOLF: Bericht über den derzeitigen Stand der Schürfe und Aufschlußarbeiten auf Wolfram in Rothau. – Unveröff., Archiv zentr. geol. Inst., Berlin 1941.

Oceanexpo 71

Internationale Ausstellung und Kolloquium für Meeresforschung in Bordeaux (Frankreich)

HANS HETZER, Berlin

Vom 9. bis 15. März 1971 fand in Bordeaux der internationale Kongreß mit Ausstellung für Meeresforschung und -nutzung „Oceanexpo 71" statt. Er wurde vom „Centre Nationale pour l'Exploitation des Océans" (CNEXO), dem „Staatlichen Zentrum für Meeresforschung" Frankreichs, veranstaltet und hatte das Ziel, die weit ausgebaute und leistungsstarke französische Meeresforschung und Meerestechnik zu demonstrieren sowie ihre nationale und internationale Verflechtung zu zeigen.

Kongreß und Ausstellung waren die bisher größte und umfangreichste internationale Veranstaltung auf dem Gebiet der Erforschung und Nutzung der Ozeane. Während des Kongresses wurden über 1000 Teilnehmer aus 35 Ländern registriert.

Allgemeine Übersichten

In einer einleitenden Veranstaltung wurde durch Repräsentanten der Meeresforschung aus den USA, Großbritannien, Japan, der BRD und Frankreich ein Überblick über den Stand und die Entwicklungstendenzen der Erforschung und Nutzung der Meere und Ozeane durch ihre Länder gegeben.

E. L. DILLON, amtierender Generalsekretär des Nationalrats für marine Ressourcen der USA, erläuterte die Bedeutung, die der Meeresforschung in den USA beigemessen wird, besonders daran, daß die jährlichen Aufwendungen aus dem Staatshaushalt von 333 Mill. Dollar im Jahre 1966 auf 607 Mill. Dollar im Jahre 1971 angestiegen sind. Besondere Bedeutung wird der Erforschung und Entwicklung der Küstenzonen beigemessen, da mehr als 75% der Bevölkerung der USA in den Küstenstaaten wohnen. Weiter wurde besonders auf die Experimente der USA mit Unterwasserlaboratorien hingewiesen. Im Rahmen des neuesten Unternehmens, „Tektit II", sind 10 Gruppen von Wissenschaftlern teilweise bis zu 30 Tagen unter Wasser eingesetzt gewesen. Beträchtliche Aufwendungen werden für die Erforschung und Nutzung der mineralischen Rohstoffe des Meeres gemacht.

M. P. F. G. TWINN nannte vier Hauptaufgaben für die englische Meeresforschung:

a) Fischerei,
b) Technik und Ausrüstung für die Gewinnung von Öl und Gas aus dem Untergrund des Meeres,
c) Navigation und Operation von Schiffen,
d) Unterwasser-Ingenieurbau.

Bei der Regierung Großbritanniens wurde ein Komitee für Marine Technologie gebildet, das die Aufgabe hat, alle Aktivitäten auf dem Gebiet der Meeresforschung und -nutzung zu koordinieren.

Die bisherigen Gesamtaufwendungen auf der Welt für die Erforschung und Nutzung der Erdöl- und Erdgaslagerstätten des Meeres wurden mit 7 Mrd. engl. Pfund eingeschätzt, davon sollen 12% auf seegeophysikalische Arbeiten, 40% auf das Abteufen und Komplettieren von Bohrungen, 30% auf die Beschaffung der Bohr- und Förderausrüstungen und 18% auf die Installation der Förderanlage, insbesondere Erdöl- und Erdgasleitungen, entfallen.

T. SASAK, Vizepräsident der japanischen Vereinigung für Meeresnutzung, gab einen interessanten Einblick in Arbeiten Japans zur Erforschung der Meere und Ozeane und die Nutzung ihrer biologischen und mineralischen Ressourcen. Die jährlichen Gesamtaufwendungen Japans für diese Aufgabe betragen etwa 20 Mill. US-Dollar. Innerhalb des umfangreichen Programms spielt die Erforschung der mineralischen Rohstoffe des Meeres eine wesentliche Rolle. Sie ist besonders ausgerichtet auf

a) die Erschließung von Erdöl- und Erdgaslagerstätten, da Japan gegenwärtig 99% seines Bedarfs an Erdöl und Erdgas einführen muß, aber 150000 bis 200000 km² Schelfgebiet als kohlenwasserstoffhöffig angesehen werden können. Außerdem sind japanische Gesellschaften an der Erschließung von Erdöllagerstätten im Arabischen Golf, in der Cook-Bay (Alaska) und im Schelfgebiet Indonesiens beteiligt;

Eingang des Manuskripts in der Redaktion: 15. 9. 1971.

b) die Weiterentwicklung des untermeerischen Kohleabbaus, der in Schachtanlagen von Land aus betrieben wird und dessen jährliche Förderung etwa 12 Mill. t, davon 3,6 Mill. t Kokskohle, beträgt;
c) die Gewinnung von Magnetit-Ilmenit-Sanden aus küstennahen Bereichen bis 20 m Tiefe, die allerdings nur geringen Umfang (40000 t/a) hat;
d) die Erforschung von Seifenlagerstätten mit Gold, Zinn, Granat und anderen Mineralien in den Küstengewässern rund um Japan.

Außerdem ist Japan an der Erforschung der Verbreitung und Nutzungsmöglichkeiten von Eisen-Mangan-Konkretionen im Pazifik beteiligt.

H. M. ROLL, Präsident des westdeutschen Hydrographischen Instituts in Hamburg, bezeichnete

die Nutzung der Nahrungsreserven der Ozeane,
die Nutzung der mineralischen Ressourcen des Meeres, Meeresbodens und Meeresuntergrundes,
die Verhütung und Bekämpfung der Verunreinigung des Meeres,
die Erforschung der Wechselwirkungen zwischen Ozean und Atmosphäre und
die Kontrolle der Naturprozesse im Küstenbereich

als Hauptaufgaben des westdeutschen Programms für Meeresforschung und -nutzung.

Für die geologischen und geophysikalischen Arbeiten zur Erforschung der mineralischen Rohstoffe des Meeres wurde ein spezielles modernes Forschungsschiff, die „Valdivia“, in Dienst gestellt, das gegenwärtig zur Untersuchung der erzhaltigen Schlämme im Roten Meer eingesetzt ist.

M. Y. LA PRAIRIE, Generalsekretär des Staatlichen Zentrums für Meeresforschung (CNEXO) Frankreichs, nannte ebenfalls fünf Hauptaufgaben der französischen Meeresforschung:

die Erforschung der biologischen Ressourcen des Meeres,
die Erforschung der mineralischen Ressourcen des Meeres,
die Entwicklung des Küstenbereichs,
die Bekämpfung der Verunreinigung des Meeres,
die Erforschung der Wechselwirkungen zwischen Ozean und Atmosphäre.

Weiterhin sind die besonderen Aktivitäten Frankreichs auf dem Gebiet der Tieftauchtechnik hervorzuheben, bei dem sowohl das Erreichen großer Wassertiefen als auch die Entwicklung von Unterwasserlaboratorien für den langfristigen Einsatz des Menschen in Wassertiefen von 200 bis 250 m im Vordergrund stehen.

Die Arbeiten zur Erforschung der mineralischen Rohstoffe des Meeres sind auf die Erdöl-Erdgas-Lagerstätten in den Schelfgebieten Frankreichs im Golf von Biskaya und im Mittelmeer sowie auf die Untersuchung der Gewinnungs- und Nutzungsmöglichkeiten von Eisen-Mangan-Konkretionen im Pazifik konzentriert.

Das Kongreßprogramm umfaßte rd. 230 Vorträge, die in fünf parallellaufenden Vortragsreihen dargeboten wurden:

1. Industrielle Entwicklung der Meeresküste
2. Marktlage und Entwicklung der Nutzung biologischer Ressourcen des Meeres
3. Ausrüstung und Aufgaben zur wirtschaftlichen Erschließung der Schelfgebiete
4. Erforschung der Tiefsee und Möglichkeiten ihrer wirtschaftlichen Nutzung
5. Meßsysteme für die Analyse und Vorhersage mariner Umweltbedingungen

Innerhalb dieser Vortragsreihen wurde jeweils eine breite Palette wissenschaftlicher und technischer Probleme und Ergebnisse angeschnitten, so daß es schwerfiel, aus der Fülle der Einzelheiten den allgemeinen Entwicklungsstand und -trend abzuleiten. Zusammenfassende Einschätzungen für bestimmte Gebiete oder Komplexe der Meeresforschung und -nutzung wurden zum Abschluß jeder Vortragsreihe versucht, fielen jedoch sehr unterschiedlich aus.

Die während des Kongresses gehaltenen Vorträge sind, nach den Themen 1 bis 5 gegliedert, im Band I und II der Veröffentlichungen des „Colloque Internationale sur l'Exploitation des Océans“ enthalten.

Hinsichtlich der Erforschung und Nutzung der mineralischen Rohstoffe waren besonders die Vortragsreihen 3 und 4 von Interesse, aus deren Programm folgende Beiträge hervorgehoben werden können:

Thema 3 — Ausrüstungen und Aufgaben zur wirtschaftlichen Erschließung der Schelfgebiete

Insgesamt wurden 58 Vorträge gehalten; damit war diese Vortragsreihe die umfangreichste des Kongresses. Der erste Teil war den Ergebnissen gewidmet, die bei den umfangreichen Arbeiten der zurückliegenden Jahre zur Erforschung des geologischen Baues der Schelfgebiete Frankreichs im Atlantik, insbesondere im Golf von Biskaya, erzielt worden waren. Herausragend sind dabei besonders die Resultate, die von führenden Wissenschaftlern des „Geologischen Instituts des aquitanischen Beckens“, das den Hauptteil der Arbeiten in den atlantischen Schelfgebieten trägt, vorgetragen wurden.

An Vorträgen seien hier besonders genannt:

M. ROUBERTOU: Bathymetrische Messungen auf dem Kontinentalschelf.

R. PRUD'HOMME: Die geomorphologische Interpretation bathymetrischer Daten als Mittel zur Erforschung des tektonischen Baues ozeanischer Becken, dargestellt am Beispiel des Golfs von Biskaya.

M. MONTADERT: Die systematische Erforschung der Meeresböden.

G. SCOLARI: Die geologische Kartierung des französischen Kontinentalrandes.

Besonders der letztgenannte Vortrag machte deutlich, daß die französischen Arbeiten zur Meeresgeologie nicht nur auf die Schelfgebiete vor der Küste Frankreichs beschränkt sind, sondern bereits auch in umfangreichem Maße den anschließenden Kontinentalrand, d. h. den Übergang vom Schelf zum Kontinentalhang mit erfassen.

Ein wesentlicher Teil dieser Vortragsreihe war technischen Problemen gewidmet, wobei sich als besondere Schwerpunkte abzeichneten:

Navigation und Ortung mit hoher Genauigkeit,
Entwicklung autonomer Energiequellen für den Einsatz in automatisierten Systemen unter und über Wasser,
Korrosionsschutz im Meerwasser,
Einsatz von bemannten und unbemannten Tauchbooten zur Erforschung des Meeres und Meeresbodens,
Bedingungen und Voraussetzungen für den Einsatz des Menschen unter Wasser,
Fernsteuerungssysteme für die Installierung und Überwachung von Leitungen am Meeresboden.

Mehrere Vorträge beschäftigten sich mit der Entwicklung der Meeresbohrtechnik, insbesondere im Zusammenhang mit der Notwendigkeit des Vordringens in immer größere Wassertiefen. Dabei wurde deutlich, daß für die herkömmlichen mobilen Bohrplattformen, die während des Bohrvorgangs auf dem Meeresboden abgesetzt sind, bei Wassertiefen um 100 m technische und ökonomische Grenzen bestehen. Die Kosten für den Bau einer Bohrplattform zum Einsatz bis 200 m Wassertiefe sollen bereits über 12 Mill. US-Dollar betragen. Die Entwicklung und der Einsatz von Halbtauchern und Bohrschiffen gewinnen daher zunehmende Bedeutung, insbesondere zur Durchführung von Einzelbohrungen im Zusammenhang mit der Erforschung des geologischen Baues des Meeresgrundes und der Suche nach Erdöl-Erdgas-Lagerstätten.

A. P. JAFFE schätzte in seinem Vortrag — „Die Gewinnung von Erdöl aus großen Wassertiefen“ — ein, daß die Kosten für das Abteufen von Meeresbohrungen mit der bis jetzt eingesetzten Technik exponentiell als Funktion der Meerestiefe ansteigen. Für das Niederbringen einer größeren Anzahl von Bohrungen in einem begrenzten Gebiet, wie das bei der Erschließung einer Erdöllagerstätte der Fall ist, müssen daher neue Wege gefunden werden. Die Entwicklung wird dabei dahin gehen, daß zukünftig Bohrungen in größeren Wassertiefen von bemannten oder unbemannten Aggregaten aus niedergebracht werden, die direkt auf dem Meeresboden stationiert sind. Überschlägliche ökonomische Einschätzungen zeigten, daß die Kosten für den Einsatz der völlig neuartigen Meeresbohrausrüstungen nur linear mit der Wassertiefe ansteigen und daß sie in Tiefen bereits von über 100 m ökonomisch der herkömmlichen Technik deutlich überlegen sind. Die Steuerung und Versorgung dieser hochautomatisierten Bohrausrüstungen erfolgt durch Schiffe von der Meeresoberfläche aus.

Durch D. DE BOUSINGEN wurde das neue französische Bohrschiff „Pélican“ vorgestellt, das 1972 in Einsatz gehen soll. Es wird auf einer niederländischen Werft gebaut und bei einer Länge von 149 m eine Größe von 14650 BRT haben; die technischen Einrichtungen sind ausgelegt für das Abteufen von Bohrungen bei Wassertiefen bis zu 5000 m.

Das Schiff ist ausgerüstet mit

einem dynamischen Positionierungssystem, mit dem es senkrecht über dem Bohrloch gehalten werden kann;
einem hochautomatisierten Bohrgerät und
Ausrüstungen, die den Wiedereintritt in das Bohrloch auf dem Meeresgrund ermöglichen.

Bei vollem Betrieb des Bohrschiffs sind 79 Personen an Bord stationiert.

Insgesamt gesehen, brachte die Vortragsreihe 3 eine Vielzahl von Informationen zur industriellen Erschließung des Kontinentalschelfs, die man sich jedoch auf einigen Gebieten, insbesondere der Nutzung mineralischer Rohstoffe und dem Niederbringen von Meeresbohrungen, umfassender gewünscht hätte.

Thema 4 — Die Erforschung der Tiefsee und die Möglichkeiten ihrer Nutzung

Im Rahmen dieser Vortragsreihe wurde ein interessanter und aufschlußreicher Überblick über den gegenwärtigen Stand und die Entwicklungstendenzen der Erforschung der Tiefsee gegeben, als des Gebiets, wo alles noch Anfang ist und das als das zukunftsträchtigste angesehen werden kann. Das Schwergewicht lag dabei eindeutig auf den Fragen der Erforschung der mineralischen Rohstoffe auf dem und im Meeresgrund der tieferen ozeanischen Bereiche sowie der Schaffung der technischen Voraussetzungen für ihre Untersuchung und Gewinnung.

J. CREAGER gab in seinem Vortrag — „Das bisherige und zukünftige Tiefseebohrprogramm" — einen Überblick über die bisherigen und zukünftigen Aktivitäten innerhalb des US-amerikanischen JOIDES-Programms (Joint Oceanographic Institutions Deep Earth Studies). Im Mittelpunkt standen dabei die Ergebnisse des Tiefseebohrschiffs „Glomar Challenger". Besonders hervorgehoben wurde dabei:

Die Ozeanbecken sind relativ jung, das älteste bisher gewonnene Bohrkernmaterial gehört dem mittleren Mesozoikum an und ist 160 Mill. Jahre alt.

Für die Theorie des „Ocean-floor spreading" wurden nahezu unwiderlegbare Beweise erbracht.

Im Bereich der mittelozeanischen Rücken, den „Ausgangsgebieten" des Ocean-floor spreading, wurden an verschiedenen Stellen metallreiche Sedimente angetroffen, die mit Zonen erhöhten Wärmeflusses zusammenfielen.

Die „Ausdehnungsgeschwindigkeit" der Ozeane wurde bestimmt; sie beträgt für den Nordatlantik 1,2 cm/Jahr, für den Südatlantik 2 cm/Jahr und für den äquatorialen Pazifik ca. 12 cm/Jahr.

Weite Verbreitung von Hornstein, besonders im Nordatlantik und Pazifik. Im Atlantik bestanden über einen Zeitraum von mehr als 60 Mill. Jahren die Bedingungen für die Bildung von Hornstein. Das Auftreten von Hornstein führt zu beträchtlichen, bisher nicht überwundenen Schwierigkeiten beim Abteufen von Bohrungen im Meeresgrund.

Hauptziele bei der Weiterführung des Programms sind:

1. die Untersuchung der Kontinentalränder zur Klärung der Beziehungen zwischen Kontinenten und Ozeanen,
2. die Ausdehnung der Tiefseebohrungen auf den Indischen Ozean und den westlichen Teil des Pazifischen Ozeans und
3. die Vervollständigung der bisherigen Ergebnisse im Atlantischen und Pazifischen Ozean.

J. DELTELLE ging in seinem Beitrag „Ein Beispiel für geologisch-geophysikalische Methoden zur Erforschung großer Tiefen" besonders auf die mit Hilfe der Refraktionsseismik unter Einsatz von Bojen im Golf von Biskaya und im Mittelmeer erzielten Ergebnisse ein. Am Außenrand des atlantischen Schelfes Frankreichs wurden Sedimentmächtigkeiten von 6000—7000 m festgestellt.

J. L. MERO, bekannt durch sein Buch "The Mineral Ressources of the Sea", gab eine allgemeine, aber umfassende Einschätzung der mineralischen Rohstoffe des Meeres und der Entwicklungstendenzen für ihre Gewinnung, d. h. der Entwicklung des Meeresbergbaus. Nach seiner Einschätzung werden in den nächsten Jahrzehnten bedeutende Mengen solcher Rohstoffe wie Nickel, Kupfer, Kobalt, Mangan, Titan, Schwefel, Molybdän, Zirkon und Phosphat aus dem Meer gewonnen werden, in Ergänzung zu Salz, Magnesium, Brom, Erdöl, Erdgas, Zinn und Kalkstein, bei denen heute bereits ein beträchtlicher Teil der Weltförderung aus dem Meere kommt.

Interessant waren die Angaben, die MERO über den ersten Versuch der USA zur Gewinnung von Eisen-Mangan-Konkretionen im industriellen Maßstab auf dem Blake-Plateau vor der Küste Floridas machte. Danach sind aus einer Wassertiefe von rd. 800 m unter Einsatz des „Airlift"-Förder-Systems und eines nicht näher beschriebenen Aufnahmegerätes am Meeresboden zwischen 10 und 60 t/h Konkretionen gewonnen worden. Für die Versuche war ein 7500 t großes, 100 m langes umgebautes Frachtschiff eingesetzt. Mit dem eingesetzten hydraulischen Födersystem soll die Gewinnung bis zu Wassertiefen von 7000 m möglich sein. Die bisherigen Aufwendungen für die Versuche betragen 15—18 Mill. US-Dollar, die nächsten Pläne sind darauf gerichtet, mit einem Aufwand von 150 Mill. US-Dollar die Gewinnung von Eisen-Mangan-Konkretionen bis 1975 auf 1 Mill. t jährlich zu steigern. Nach den Ausführungen MEROs hat die Firma "Deep Sea Ventures", die diese Arbeiten durchführt, aber noch Schwierigkeiten, diese Mittel aufzutreiben.

Neue Aspekte hinsichtlich der Gewinnung von mineralischen Rohstoffen aus großen Wassertiefen gab ein Vortrag von Y. MASUDA, J. L. MERO und M. GAUTHIER über das "Continuous-Line-Bucket-System (CBL)". Es wurde in japanisch-US-amerikanisch-französischer Gemeinschaftsarbeit entwickelt und besteht aus einem umlaufenden Seil, an dem Baggergefäße unterschiedlicher Größe befestigt werden können. Am treffendsten kann es vielleicht als „Eimerseilbagger" bezeichnet werden. Dieses Gerät wurde in der Umgebung der Insel Tahiti bei Wassertiefen von 1000 m und 3700 m getestet. Die dabei eingesetzten „Seile" bestanden aus Polypropylen von 20 bzw. 40 mm Durchmesser und Zugfestigkeiten von 7 bzw. 20 t/cm². Für die Versuche wurden 10 verschiedene Typen von Eimergefäßen von 50 bis 100 kg Fassungsvermögen entwickelt.

Bei der Erprobung des CBL-Systems in 3700 m Wassertiefe kam ein Seil von 10600 m Länge zum Einsatz, an dem 170 Eimergefäße befestigt wurden. Der Erfolg war befriedigend und läßt nach Einschätzung der Autoren die Möglichkeit offen, Einsatztiefen von 5000 bis 6000 m und Eimergefäße mit Fassungsvermögen von 5 t zu erreichen. Damit soll dann eine Produktion von 1 bis 1,5 Mill. t Konkretionen pro Jahr möglich werden. Die größten Schwierigkeiten scheinen in der Überwachung und Steuerung des Abbauvorgangs am Meeresboden mit Hilfe von Fernsehkameras zu liegen.

Wenn auch die angestellten ökonomischen Vergleiche und Überlegungen noch sehr optimistisch scheinen, machten die Vorträge zur Meerestechnik doch deutlich, welche rasche Entwicklung sich vollzieht und daß bereits heute die Gewinnung von mineralischen Rohstoffen auch aus größeren Wassertiefen als technisch prinzipiell gelöst angesehen werden kann.

Auf einen interessanten Aspekt der Gewinnung von mineralischen Rohstoffen aus großen Wassertiefen wies M. ROELS hin: Bei Einsatz des „Air-lift-Systems" werden große Mengen kalten, nährstoffreichen Tiefenwassers an die Meeresoberfläche gefördert, was von großer Bedeutung für die Entwicklung der biologischen Ressourcen sein kann.

P. L. BESROUKOW, Moskau, berichtete über die Forschungsarbeiten des Instituts für Ozeanologie der Akademie der Wissenschaften der UdSSR im Pazifischen Ozean. Dabei wurden einzelne Eisen-Mangan-Konkretionen bis zur Größe von 1 t gewonnen, d. h. in einer Größenordnung, wie sie bisher noch nicht berichtet worden ist! Hervorzuheben sind die Untersuchungsergebnisse über die Verbreitung von Phosphoritgranulaten, die hauptsächlich auf den Gipfeln und an den Abhängen der subozeanischen Gebirgszüge angetroffen wurden, in Tiefenbereichen von 350 bis 4000 m mit einem Maximum bei 1000 bis 2000 m. In verschiedenen Gebieten wurden Vermischungen zwischen Phosphoritkonkretionen und Eisen-Mangan-Konkretionen angetroffen — ein deutlicher Hinweis darauf, daß beide Bildungsprozesse gleichzeitig oder alterierend ablaufen können und daß bei der Weiterführung der Forschungsarbeiten zur Untersuchung der mineralischen Rohstoffe des Meeres noch viele überraschende Ergebnisse erwartet werden können.

J. E. FLIPSE und R. KAUFMANN, Präsident und Vizepräsident der US-amerikanischen Gesellschaft "Deep-sea Ventures Inc.", von der die ersten industriellen Versuche zur Gewinnung von Eisen-Mangan-Konkretionen durchgeführt wurden, berichteten über weitere Details der Versuche auf dem Blake-Plateau und im Gebiet von Tahiti. Bei der Aufbereitung und Verarbeitung der Konkretionen erfolgt zunächst durch physikalische Verfahren eine Abtrennung der mitgeförderten tauben Anteile. Danach erfolgt die Aufbereitung mittels pyrometallurgischer Verfahren, bei dem durch den Aufschluß unter reduzierenden Bedingungen ein „Schmelzkonzentrat" von Eisen, Nickel, Kobalt und Kupfer gewonnen wird, während das Mangan in die silikatische

Schlacke geht. Aus dieser Schlacke wird das Mangan durch ein weiteres pyrometallurgisches Verfahren gewonnen. Die Aufbereitung des Metallgemisches erfolgt hydrometallurgisch. Über die dabei im einzelnen eingeschlagenen Wege wurden keine Angaben gemacht. Die Gesellschaft betreibt eine Pilotanlage, in der gegenwärtig 20 t Eisen-Mangan-Konkretionen pro Monat verarbeitet werden. Geplant ist eine weitere Pilotanlage mit einem Durchsatz von 500 t/Monat.

Weitere Vorträge waren der Entwicklung der Tieftauchtechnik, sowohl mit Hilfe von Tiefseetauchbooten (Bathyscape) als auch durch den Einsatz automatischer Geräte und Ausrüstungen, gewidmet. Eine wesentliche Rolle spielte dabei auch die Frage der langzeitigen Energieerzeugung in automatisch arbeitenden Systemen.

Ein wesentlicher Teil der Vortragsreihe war der Entwicklung der geophysikalischen Meßmethodik und Gerätetechnik gewidmet. Dabei wurde das Bestreben deutlich, bei der Seeseismik neue, effektive Formen der Energieanregung anzuwenden, die die herkömmlichen Verfahren, die unter großem Aufwand mit Sprengstoff, hohem Druck oder hohen Stromspannungen arbeiten, ablösen sollen.

J. CHOLET vom Institut Français du Pétrole stellte das neue Verfahren „Flexichoc" vor. Bei ihm wird der seismische Impuls mittels zweier Metallplatten ausgelöst, die durch Implosion aufeinanderschlagen. Diese Platten werden zunächst durch Druckluft auseinandergepreßt, in dieser Stellung arretiert, danach wird im Raum zwischen den Platten ein Vakuum von 100 mm Quecksilbersäule hergestellt. Nach Lösen der Arretionen erfolgt durch den hydrostatischen Druck die Implosion und das Aufeinanderschlagen der Platten. Der seismische Impuls wird als sehr sauber und frei von Nebengeräuschen (bubble effect) beschrieben. Bei mechanischer Aufzeichnung beträgt die Schwankungsbreite in der Form des Signals weniger als 3 ms. Mehrere „Flexichoc"-Apparaturen können gleichzeitig eingesetzt werden. Die bisherigen Erfahrungen sollen jedoch zeigen, daß bereits beim Einsatz von zwei Geräten ausreichende Reflexionen von den tiefsten seismischen Horizonten erhalten werden. Die seismischen Impulse können in Abständen von 10 s ausgelöst werden, so daß hervorragende Bedingungen für die Stapelung der Signale gegeben sind.

An weiteren wichtigen Vorträgen können genannt werden:

M. CLAVELLOUX und M. MARTINAIS: Durchführung reflexionsseismischer Messungen unter Einsatz eines vertikal schwimmenden Kabelbaums.

M. SALVI: Einsatz von Kernresonanzmagnetometern für seegeophysikalische Messungen.

M. MATHEY: Einige Aspekte der Seegravimetrie.

Generelle Ergebnisse

Zusammenfassend kann eingeschätzt werden, daß der Kongreß und die mit ihm verbundene Ausstellung einen guten Überblick über die Aktivitäten insbesondere der westeuropäischen Industriestaaten auf dem Gebiet der Meeresforschung und -nutzung vermittelten. Die Beiträge der UdSSR machten jedoch auch die Erfolge deutlich, die von einem sozialistischen Staat bisher auf diesem für die Entwicklung der menschlichen Gesellschaft außerordentlich bedeutsamen Gebiet erzielt wurden.

Wenn in diesem Bericht auch das Schwergewicht auf der Darstellung der neuesten Ergebnisse hinsichtlich der Erforschung der mineralischen Rohstoffe des Meeres und ihrer Nutzungsmöglichkeiten lag, soll das keineswegs darüber hinwegtäuschen, daß auch in den anderen Vortragsreihen wesentliche neue Erkenntnisse und Entwicklungsrichtungen dargeboten wurden. Bemerkenswert waren die französischen Beiträge für den Ausbau der Atlantikhäfen, insbesondere für das Löschen von Riesentankern mit bis zu 500000 t Tragkraft. Breite Bedeutung hatte die Fischerei, insbesondere die Forschungsarbeiten zur Entwicklung neuer, effektiver Fangmethoden und zur Erschließung neuer Fanggründe. Besondere Aufmerksamkeit wurde den Fragen des Umweltschutzes, der Verhütung und Bekämpfung der Verunreinigung der Meere und Ozeane durch Öl und andere Schadstoffe gewidmet. Schließlich wurde in einer gesonderten Vortragsreihe die außerordentliche Bedeutung hervorgehoben, die der wissenschaftliche Gerätebau für alle Gebiete der Meeresforschung hat, insbesondere aber für die Erforschung der physikalisch-chemischen Eigenschaften der riesigen Wasserkörper, von deren Ergebnissen alle anderen Forschungskomplexe abhängig sind.

Überlegungen zum Leistungsvertrag über die geologische Erkundung fester mineralischer Rohstoffe (insbesondere Steine–Erden) und Grundwasser

MANFRED MÜCKE, Berlin

1. Einleitung (Problemstellung)

Der geologischen Industrie ist durch den VIII. Parteitag der SED neben der Erfüllung ihrer hauptsächlichen Aufgabe — Erschließung gewinnbarer Erdgasvorkommen und Erhöhung der Erdgasförderung — das Ziel gestellt, die Erkundung von festen mineralischen Rohstoffen und Grundwasser entsprechend den volkswirtschaftlichen Erfordernissen fortzuführen. Die Direktive zum Fünfjahrplan legt Gewicht auf die Erkundung von Steine-und-Erden-Rohstoffen und Grundwasser. Zur Lösung dieser Aufgabe ist erforderlich, die Leitung und Planung der geologischen Industrie und ihre Kooperationsbeziehungen zu den die Lagerstättenvorräte nutzenden Bereichen (Bauwirtschaft, Glas- und Keramikindustrie, Wasserwirtschaft usw.) zu vervollkommnen. Wenn sich Verf. im folgenden vor allem der Gestaltung reibungsloser Kooperationsbeziehungen mittels des wirtschaftsrechtlichen Leistungsvertrags zuwendet, so in der Gewißheit, daß es ein vordringlich zu lösendes Problem ist.

Der Leistungsvertrag erfüllt gegenwärtig nur unvollkommen seine Funktion. Wobei allerdings zu bemerken ist, daß dies nicht ausschließlich in den ihm eigenen Möglichkeiten, und in den gegenwärtigen Normen der Vertragsgestaltung liegt, sondern ein Ausdruck der ungenügenden Verbindung der Kooperation mit der wirtschaftlichen Rechnungsführung und den ökonomischen Kategorien bei den Vertragspartnern ist. Zur Beseitigung dieses Zustands ist die Überwindung der mangelhaften Einsicht in den Charakter der geologischen Erkundung eine Voraussetzung. Den entscheidenden Ansatz für die Verbesserung der Leitung der Kooperationsbeziehungen sehen wir in der Anerkennung der Ergebnisse der geologischen Erkundung als selbständige materielle Güter (Lagerstättenvorräte). Das bedeutet für rechtliche Neuregelungen und für die Behandlung des Leistungsvertrags, daß im Mittelpunkt kein Produkt ideeller, sondern materieller Natur steht, das den nutzenden Bereichen (Auftraggeber der Erkundungsbetriebe) zu übertragen ist.

Zum Charakter der nachstehenden Ausführungen sei hervorgehoben, daß sie erste juristische Überlegungen unter Zugrundelegung der STAMMBERGERschen These von dem in spezifischer Weise produzierten selbständigen materiellen Produkt der geologischen Erkundung sind (Anm. 1). Sie sind als theoretisches Aufzeigen der gravierendsten Konsequenzen aus wirtschaftsvertragsrechtlicher Sicht zu verstehen. Die Begründung für die Charakterisierung eines Ergebnisses der

Eingang des Manuskripts in der Redaktion: 30. 8. 1971.

Erkundungsproduktion als materielles Produkt (und nicht als geologische Information, die mittels industrieller Methoden gewonnen wurde) ergibt sich, soweit wir das überblicken, aus der Notwendigkeit: 1. der Gestaltung der wirtschaftlichen Rechnungsführung der Erkundungsbetriebe und der Wirkung der ökonomischen Kategorien, wie Vorratspreis usw.; 2. der Einordnung des Lagerstättenvorrats in die Grundfondswirtschaft der nutzenden Bereiche; 3. würden gleichzeitig günstigere Voraussetzungen für eine Qualifizierung der zentralen staatlichen Leitung und Planung der Lagerstättenvorratserkundung und -wirtschaft und der Kooperationsbeziehungen geschaffen.

2. Die Leistung und der Leistungsvertragstyp

Die geologische Erkundung ist eine Voraussetzung zur Vornahme von Gewinnungsarbeiten einschließlich der Grundwassergewinnung. Sie „umfaßt alle jene Arbeiten, die unmittelbar dem Auffinden einer Lagerstätte und ihrer Vorbereitung für eine industrielle Nutzung dienen. Dazu gehören: a) die sogenannte prognostische Einschätzung eines Gebiets, b) die Lagerstättensuche im höffigen Teil dieses Gebiets, c) die systematische geologische Erkundung jener Lagerstätten (von den insgesamt entdeckten), die geologisch-ökonomisch die besten Voraussetzungen für eine industrielle Nutzung besitzen." (Anm. 2.)

Das Ergebnis der Erkundungstätigkeit, sieht man von einem negativen Ausgang der Erkundung ab, ist das verfügbare materielle Produkt — Lagerstättenvorrat. Die Kooperation beinhaltet somit Beziehungen des Stoffflusses, allerdings besonderer Art, zwischen den Erkundungsbetrieben und den nutzenden Bereichen; sie ist lediglich nebenbei zu einem Teil „nur — informationelle" Beziehung (Anm. 3). „Nur — informationelle" Kooperationsbeziehungen entstehen dadurch, daß der Erkundungsbetrieb Informationen gewinnt und aufbereitet, die Entscheidungsgrundlage für das Verhalten der extraktiven Industrie (Gewinnungsbetriebe) bezüglich der Technik des Aufschlusses und des Abbaus des mineralischen Rohstoffs bildet. Die eigentliche Leistung ist das materielle Gut. Der Leistungsvertrag hat somit vorwiegend von dem Gut als Kooperationsleistung auszugehen.

Wie in jeder beliebigen Kooperation entstehen zusätzlich Beziehungen während der Realisierung der Leistung, ihrer Abrechnung und Kontrolle; im konkreten Kooperationsverhältnis sind das etwa der Vorratsnachweis, die Vorratsberechnung, die Anfertigung von Karten, das Treffen von Entscheidungen über die Weiterführung oder den Abbruch der Erkundung, die „Übergabe" des Vorrats.

Juristische Bedeutung erhalten alle gegenseitigen Beziehungen, Handlungen der Kooperationspartner, soweit sie mit der Erbringung der Leistung verbunden sind. Gemeinhin werden sie zum Leistungsgegenstand gezählt. Aber die Anwendung rechtlicher Normen eines Leistungsvertragstyps (z. B. Liefervertrag, Nutzungsvertrag, Vertrag über wissenschaftlich-technische Leistungen) ist abhängig von der Bestimmung der Leistung.

Die Einordnung der Erkundungsleistung in das geltende spezielle Leistungsvertragsrecht bereitet Schwierigkeiten, wenn wir uns an die zuvor gegebene Leistungsbestimmung halten.

a) Die Rechtspraxis wendet den Vertragstyp — wissenschaftlich-technische Leistungen — an (Anm. 4). Die wissenschaftlich-technische Leistung wird durch die Eigenart charakterisiert, „Produkt geistig-schöpferischer Arbeit" zu sein (Anm. 5). Das ist die Erkundungsleistung nicht (Anm. 6).

b) Aus a) folgt nicht unbedingt, daß das spezielle Leistungsvertragsrecht das Produkt geistig-schöpferischer Arbeit derart absolut zum Ausdruck bringt und nicht auch Produkte geistig-routinehafter Tätigkeit erfaßt (Anm. 7). Fügen wir hinzu, daß es sich bei der Kooperationsbeziehung — Erkundung — um eine besondere Art des Stoffflusses handelt, so finden sich keine Ordnungsmerkmale innerhalb des Vertragstyps über wissenschaftlich-technische Leistungen (z. B. Forschungsvertrag, Vertrag über die Lieferung neuzuentwickelnder Erzeugnisse).

c) Akzeptiert man, daß die Erkundungsleistung materieller Natur ist, ohne Produkt geistig-schöpferischer Arbeit zu sein, so muß darüber hinaus anerkannt werden, daß sie für die auftraggebenden nutzenden Bereiche kein Teil der ideellen Vorbereitung der Investition ist, sondern selbst materielle Investition. Daraus folgt weiter, daß als spezielles Leistungsvertragsrecht nicht ein einzelner Leistungsvertragstyp, wohl aber das kombinierte Leistungsvertragsrecht zur Reproduktion der Grundfonds Anwendung findet.

Wir werden im weiteren, entsprechend der gesetzten Zielstellung, darlegen, worin juristische Folgen der konsequenten Betrachtung der Erkundungsleistung liegen. Dabei wird sichtbar werden, wo es der Veränderung der Leitung mittels der Rechtsnorm bedarf und wie der Leistungsvertrag zwischen den Kooperationspartnern zu qualifizieren ist.

3. Ausgewählte Probleme des Vertragsinhalts, der Erfüllung und der materiellen Verantwortlichkeit

Bemerkung zum Auswahlkriterium

Entscheidend für die Wahl, welche Probleme des Leistungsvertrags diskutiert werden, ist die Bedeutung für die Verwirklichung der unter 1. angegebenen Zielstellung.

Die „Übertragung" der operativen Verwaltung am Lagerstättenvorrat

Die Ansicht von der besonderen Art der Produktionskooperation (Stofffluß) verpflichtet, mit einigen Gedanken die „Übertragung" der operativen Verwaltung zu behandeln. Auf den ersten Blick ist einleuchtend, daß die Verschaffung der operativen Verwaltung in gewisser Hinsicht von untergeordneter Bedeutung ist, wenn sie sich nur auf die materiellen Träger der Information (Karten, Lagerstättennachweis usw.) und nicht auf das materielle Gut selbst bezieht.

Die Leistung — Lagerstättenvorrat — zu übertragen ist notwendig, damit sie in die Grundfondswirtschaft der Gewinnungsbetriebe eingeht und hier prinzipiell den gleichen wirtschaftlichen Prinzipien unterliegt wie andere Grundfondsbestandteile. Über die wirtschaftliche Rechnungsführung und die ökonomischen Kategorien wäre dann z. B. einzuwirken auf:

die optimale Lagerstättennutzung (einschließlich der Bewirtschaftung des natürlichen Grundwasserdargebots);
die Anwendung wirtschaftlicher Gewinnungsverfahren;
die Neuerkundung und zusätzliche Erkundung.

Das Gesagte verdeutlicht bereits, daß die Abreden zur Übertragung der operativen Verwaltung im Wirtschaftsvertrag allein die Einbeziehung des Vorrats in die Grundfonds der nutzenden Bereiche nicht bewirken kann. Dazu bedarf es als Voraussetzung einer zwingenden Norm außerhalb des Leistungsvertragsrechts. Die Verschaffung der operativen Verwaltung über den Wirtschaftsvertrag ist, so gesehen, eine Folgehandlung, die allerdings dann notwendigerweise immer vorzunehmen wäre. Des weiteren, und daran zeigt sich das Theoretische der Überlegung, hindert das geltende Eigentumsrecht an mineralischen Rohstoffen und Grundwasser die unmittelbare und umfassende Verwirklichung der „Übertragung" des Lagerstättenvorrats.

Konkretisierung der Leistung nach der Menge (Masse)

Die auftraggebenden Gewinnungsbetriebe sind teilweise nicht, vor allem auf dem Gebiet der Steine-und-Erden-Rohstoffe, an dem Lagerstättenvorrat in seinem vorhandenen Umfang (zuviel oder zuwenig) interessiert. (Die Vorratsmengenabreden werden dann erhöhte Bedeutung erhalten, wenn ein Vorratspreis zu zahlen ist.) Das resultiert aus verschiedenen, in sich auch abhängigen Ursachen:

a) der Perspektive des jeweiligen Nutzers,

b) der konkreten, bei ihm vorliegenden Bedarfssituation,

c) der angewandten oder anzuwendenden Abbautechnik.

Die grobe Darstellung mag genügen, sie ist deswegen für das Leistungsverhältnis zwischen Erkundungsbetrieb und nutzenden Bereichen bedeutsam, weil keine zwingende rechtliche Regelung zur Inhaltsgestaltung des Vertrags existiert, obgleich sie notwendig wäre. Nehmen wir den Fall, daß der Auftraggeber keine Verwendung für den gesamten Lagerstättenvorrat hat, und setzen dabei voraus, daß es nicht in einer ungenügenden Vorstellung über seine Entwicklung begründet liegt. Kann ihm dann im Wirtschaftsvertrag ein Lagerstättenvorratsteil (ein vertraglich begrenztes Volumen an einem mineralischen Rohstoff) übertragen werden? Das hat zur Konsequenz, daß der Erkundungsbetrieb entweder nur Teilvorräte erkundet oder, um gesamtvolkswirtschaftliche Entscheidungen zu ermöglichen oder zukünftige Verluste zu vermeiden, den Lagerstättenvorrat insgesamt erkundet und mit einem Teil des Vorrats als nichtabsetzbare Produktion belastet wird. Die ökonomische Wertung dieser Sachverhalte, wenn man eine derartige Lösung anstrebt, soll hier nicht vorgenommen werden.

Die gesamte Fragestellung mündet rechtlich in folgendes: Wer bestimmt im betrachteten Leistungsvertragsverhältnis das Vorratsziel in seinem materiellen Umfang, der Erkundungsbetrieb oder der abbauende Betrieb? Aus dem Wesen des Wirtschaftsvertrags, der durch übereinstimmende Willenserklärung der Partner zustande kommt (§ 15 Abs. 1 VG) und sich in Übereinstimmung mit dem staatlichen Plan befinden muß (§ 34 Abs. 1 VG), folgt, daß das Vertragsziel durch beide Partner festgelegt wird. Dabei werden konkurrierende Planziele zu konkurrierenden Vertragszielvorstellungen führen. Dieser Sachverhalt ist dann gegeben, wenn z. B. das Vertragsangebot des Auftraggebers nur einen Teil der vorhandenen Vorratsmenge umfaßt. Andererseits: Der Erkundungsbetrieb ist zur Erkundung von Lagerstätten (nicht der Teile) bergrechtlich verpflichtet: Indirekt ist das aus § 3 Abs. 2 1. DVO zum Berggesetz (GBl. II 1969, S. 257) zu entnehmen. § 3 Abs. 2 1. DVO zum Berggesetz verpflichtet den geologischen Erkundungsbetrieb zur „komplexen Erkundung"; das ist zusätzlich zu beachten.

Eine Lösung des Problems erwarten wir in folgender Richtung (in die Erörterung braucht also der Tatbestand der Kongruenz des Plan- und Vertragsziels bei beiden Partnern nicht einbezogen zu werden, wobei Ausgangspunkt die These von dem materiellen Produkt der geologischen Erkundung — Lagerstättenvorrat — insgesamt ist):

a) Abbau des Lagerstättenvorrats durch mehrere am entsprechenden mineralischen Rohstoff interessierten Gewinnungsbetriebe. Für den Bereich der Steine-und-Erden-Rohstoffe ergibt sich aus der Art des mineralischen Rohstoffs, daß die abbauenden Betriebe verschiedenen volkswirtschaftlichen Zweigen und Bereichen angehören können. Rechtlich bedeutet das, mehrseitige Leistungsverträge über die Erkundung zu schließen (Anm. 8) und den Vorrat den Gewinnungsbetrieben gemeinsam zuzuordnen.

b) Spricht man, wie geschehen, die rechtliche Verpflichtung der geologischen Erkundungsbetriebe zur Erkundung von Lagerstättenvorräten aus, so müßte man für das eventuelle Auseinanderfallen der Zeitpunkte — Vorhandensein des Vorrats und Abbau (Wartezeiten) — den Vorschlag „Übergabe an den staatlichen Reservefonds" auch auf den hier betrachteten Sachverhalt ausdehnen. Konsequent folgt dann ebenfalls, daß mit der Übergabe der Vorräte an den staatlichen „Lagerstätten-Reservefonds" der geologische Erkundungsbetrieb Anspruch auf Vergütung gemäß dem festgelegten Vorratspreis erworben hat (Anm. 9).

Der Preis für den Lagerstättenvorrat

Die gegenwärtige Preisgestaltung für Erkundungsleistungen zu beschreiben ist überflüssig. Es sei nur hervorgehoben, daß z. Z. die Preisbildung hohe Aufwendungen stimuliert, da die Ist-Kosten dem Auftragnehmer erstattet werden. Juristisch wird das über die Nachträge zum Vertrag mit dem Gesetz in Einklang gebracht. Die Eigenartigkeiten der gegenwärtigen Preisbildung für die geologische Erkundungsleistung (feste mineralische Rohstoffe und Grundwasser) werden in der Erkundungspraxis etwa begründet mit der fehlenden Vergleichsmöglichkeit der Produkte der Erkundung und der objektiven Einmaligkeit, ebenfalls also Nicht-Vergleichsmöglichkeit, des Arbeits- und damit Wertbildungsprozesses bei der Erkundung eines Lagerstättenvorrats.

Aus juristischer Sicht ist die Preisgestaltungsproblematik nicht zu lösen. Die rechtliche Regelung hat ebenfalls die Aussage zu einer Hauptfunktion des Preises — Maß des gesellschaftlichen Arbeitsaufwands zu sein und auf die Senkung der Selbstkosten und die Beschleunigung des wissenschaftlich-technischen Fortschritts einzuwirken — umzusetzen.

Theoretische Arbeiten zur Preisbildung für die Erkundungsleistung wurden in Richtung des Vorratspreises vorgenommen (s. STAMMBERGER, Anm. 10). Wichtig für unsere übrigen Schlußfolgerungen ist, daß die Vorratspreisbildung die ökonomisch-preisliche Schlußfolgerung und Stütze der geologischen Erkundung als materieller Produktion ist. Folgend aus der Auffassung von der Erkundung als einer materiellen Investititionsleistung wäre die Forderung des Beschlusses über die Planung und Leitung des Prozesses der Reproduktion der Grundfonds (GBl. II 1971, S. 1, Abschnitt III Ziff. 4) nach einem verbindlichen Preisangebot zu verwirklichen. In welcher rechtlichen Form der Vorratspreis endgültig zur Anwendung gelangt, muß aber im einzelnen noch untersucht werden. Gleichzeitig treten dann auch die Fragen der Abreden über den Vorratsumfang, die bereits erwähnt wurden, auf.

Das Garantieobjekt und die Garantie bei der geologischen Erkundung

Die Garantie ist das Rechtsinstitut der Sicherung der normativen und vertraglichen Qualitätspflichten (Anm. 11). Das Garantieobjekt im geltenden Wirtschaftsvertragsrecht ist die Qualität einer Leistung. Die Qualität drückt die Eigenschaft der Leistung als Gebrauchswert für einen bestimmten Verwendungszweck aus. Der Leistung entsprechend kann sich die Qualität auf die Eigenschaften eines materiellen Objekts beziehen oder auch nur auf die Eigenschaften des ideellen Produkts als Voraussetzung bestimmter Entscheidungen zur Vornahme von Handlungen in der Wirtschaft oder Produktion. Das Garantieobjekt — Qualität — ist, so gesehen, für die Erkundungsproduktion zu eng begrenzt. Die Art und Weise der Erkundungsproduktion, mittels industrieller Methoden den Lagerstättenvorrat zu ermitteln, birgt in sich die Möglichkeit der Differenz zwischen der ermittelten und der tatsächlichen Vorratsmasse, der Differenz zwischen den vorausgesagten und tatsächlich angetroffenen Teufenlagen, Formen und Mächtigskeitsverhältnissen, den hydrologischen Verhältnissen und der Differenz zwischen dem wirklichen und dem angegebenen Qualitätsmerkmal des mineralischen Rohstoffs (z. B. chemische und physikalische Eigenschaften, Wert- und Schadstoffgehalte usw.).

Dehnt man das Garantieobjekt in dieser Weise aus, ist der Erkundungsbetrieb verpflichtet, die Eignung des übertragenen Lagerstättenvorrats zum Abbau und zur vorgesehenen Verwendung zu garantieren. Das Kriterium der vorgesehenen Verwendung sollte so verstanden werden, daß der Erkundungsbetrieb, weicht er von den Konditionen (Anm. 12) in positivem Sinne ab — in negativem Sinne kann nicht abgewichen werden, da sonst kein Bilanzvorrat vorliegt —, nicht für die höhere Eignungsfähigkeit (einbezogen die Menge) garantieren muß. Des weiteren: Die tatsächliche Nichteignung des Ergebnisses der geologischen Erkundung für den Auftraggeber muß einen gewissen Grad der wirtschaftlichen Erheblichkeit besitzen, um Garantierechte auszulösen (z. B. Nichterreichen des Liefervermögens bei Grundwasserlagerstätten). Garantierechtlich interessant ist demnach vor allem die Vorratsmenge, die qualitative Zusammensetzung des mineralischen Rohstoffs und jene wesentlichen Informationen des Ergebnisberichts über die Lagerungsverhältnisse, auf denen die weiteren Investitionsentscheidungen, hinsichtlich der Technologie des Abbaus usw., aufbauen. Das heißt, nicht alle geologischen Fakten, Daten, Wertungen eines Ergebnisberichts sind juristisch beachtlich. In welchem Umfang und unter welchen Bedingungen Garantieverpflichtungen durch den geologischen Erkundungsbetrieb übernommen werden, muß im Leistungsvertrag festgelegt werden. Es erscheint z. B. notwendig, Massetoleranzen aufzunehmen, da die Repräsentanz der geologischen Erkundungsdaten objektiv beeinträchtigt sein kann. Zum anderen ist zu berücksichtigen, daß Vorratsverluste beim Auftraggeber durch das Gewinnungsverfahren entstehen oder aus sicherheitstechnischen Maßnahmen resultieren.

Die Besonderheiten des Garantieobjekts setzen sich bei der Behandlung des Garantiezeitraums fort. Die vertragsgesetzliche Garantiezeitraumregelung geht von einem Zeitraum der Mindestgebrauchsfähigkeit aus. Es sei angemerkt, daß das theoretisch nicht richtig scheint. Der Garantiezeitraum sollte im wesentlichen davon abhängig gemacht werden, inwieweit eine Leistung zum Nachweis ihrer Gebrauchsfähigkeit braucht. Nach dieser Prüfung der Gebrauchsfähigkeit in einem Zeitraum (oder auch Betriebsdauer) wird die Gebrauchsfähigkeit als gegeben angesehen. Wie dem auch sei, die Garantieansprüche erlöschen regelmäßig mit dem Garantiezeitraumende. Wir haben oben die Besonderheiten des Garantieobjekts gezeigt; es ist nicht identisch mit der Qualität im Sinne des Vertragsgesetzes. Nun bleibt noch darauf hinzuweisen, daß, wenn wir nicht lediglich das ideelle Produkt des Erkundungsbetriebs zum Garantieobjekt erheben und nicht nur die Qualität dieses Objekts garantieren, die Garantiebestimmungen einschließlich des Garantiezeitraums keine Anwendung finden können.

Eine Regelung des Garantiezeitraums hat die langen Nutzungszeiten des Lagerstättenvorrats zu berücksichtigen. Seine Eignung im umfassenden Sinne erweist sich bis zum vollständigen Abbau des Vorrats. Daß ein Erzeugnis seine Gebrauchsfähigkeit ebenfalls über die gesamte Lebensdauer hin beweist (und trotzdem die Garantiezeit kürzer ist), ist kein Einwand gegen die Besonderheit des hier betrachteten Garantieobjekts, da die Eignung des Lagerstättenvorrats gewissermaßen „stückweise" geprüft wird. Eine generalisierte Entscheidung (in Form der Rechtsnorm) sollte eine mögliche zeitliche Staffelung beinhalten, die von unterschiedlichen Gesichtspunkten abhängig ist:

a) Garantiezeitraum für Informationen, die Entscheidungsgrundlage über die konkrete Anlage, Technologie des Abbaus usw. sind;

b) Garantiezeitraum für die Menge (Masse) und die Rohstoffqualität.

Das Erkundungsrisiko und seine leistungsvertragsrechtliche Wirkung

In gewisser Weise ist bereits eine Risikofrage unter juristischem Gesichtspunkt behandelt worden, nämlich in den Ausführungen zum Garantieobjekt und der Garantie. Diese betraf das Risiko, das erst im Stadium der Lagerstättengewinnung sichtbar wird (Anm. 13).

Die geologische Erkundung führt unter Umständen zu einem negativen Ergebnis. Das wirft während des Bestehens des Wirtschaftsvertragsverhältnisses die Frage nach dem Träger dieses Verlustes der aufgewendeten Mittel auf, mit anderen Worten: Wer trägt das Risiko (Verlustgefahr), und wie ist es wirtschaftsrechtlich zu gestalten? (Anm. 14.)

Daß der Erkundungsbetrieb das Risiko zu tragen hat, ist von STAMMBERGER begründet worden. Unter Risiko verstehen wir die Gefahr des Verlustes von finanziellen und materiellen Mitteln, die verausgabt werden zur Produktion eines Lagerstättenvorrats, weil die vorhandene Informationslage (geologische Daten, Fakten, Auswertung) nicht mit absoluter Sicherheit ein positives Ergebnis erwarten läßt. Die Gewißheit über den Ergebnischarakter (negativ oder positiv) kann erst mit Verausgabung der Mittel erreicht werden (Anm. 15).

Rechtlich ist entscheidend, daß die eigentliche Leistung, der Lagerstättenvorrat, im Falle eines negativen Ergebnisses nicht erbracht wird.

Die juristische Wertung anhand der Verantwortlichkeitsregelung ergibt folgendes Bild: Von der objektiven Seite her gesehen läge im Sinne des Vertragsgesetzes ein Verantwortlichkeitstatbestand — Nichterfüllung (§ 102 Abs. 1 Ziff. 1) — vor. Die subjektiven Voraussetzungen (§ 82 VG) allerdings sind nicht gegeben, d. h., von der Verantwortlichkeit ist der Erkundungsbetrieb nach geltendem Recht zu befreien. Aber damit ist keine rechtlich ausdrückliche Lösung bezüglich des Risikos durch den geologischen Erkundungsbetrieb gegeben. Wenn auch nicht ausdrücklich, so doch aus der vertraglichen Festlegung der Leistung, die gegenüber dem Kooperationspartner nicht erbracht wird, ergibt sich der Wegfall der Gegenleistung, die Preiszahlung für die verlorenen Mittel. Die Rechtsfolgen der materiellen Verantwortlichkeit sollten dem Erkundungsbetrieb nicht zusätzlich auferlegt werden.

Eine mit dem Risiko zusammenhängende, jedoch das Wirtschaftsvertragsverhältnis nicht unmittelbar berührende Frage ist die nach den Mitteln der Risikodeckung. Gangbar sind bekanntlich zwei Wege (Anm. 16):

a) Risikodeckung aus planbaren und kalkulierbaren Kosten oder

b) aus dem Nettogewinn.

In der geologischen Erkundung sollte der zweite Weg, wegen seiner notwendigen Bindung an die Einmaligkeit des Risikoeintritts, nicht angewendet werden. Die Literatur zu dieser Problematik trifft auch indirekt Feststellungen, die dem unter a) angegebenen Weg entsprechen (Anm. 17).

Zusammenfassung

Ausgangspunkt für die wirtschaftsvertragsrechtlichen Überlegungen ist die These STAMMBERGERs, daß die geologische Erkundung ein selbständiges materielles Produkt hervorbringt. Es werden die gravierendsten juristischen Konsequenzen dieser Erkenntnis für den Leistungsvertrag über Steine-Erden-Rohstoffe und Grundwasser zwischen den Erkundungsbetrieben und den nutzenden Bereichen (Bauwirtschaft, Glas- und Keramikindustrie, Wasserwirtschaft usw.) aufgezeigt.

Резюме

Исходной точкой экономических договорно-правовых соображений является тезис Штаммбергера, что геологическая разведка производит самостоятельный материальный продукт. Вскрываются веские юридические последствия этого положения для договоров услуг о сырье для строительной и керамической промышленности и грунтовых водах, заключаемых между разведочными предприятиями и использующими областями (строительное хозяйство, стекольная и керамическая промышленность, водное хозяйство и т. д.).

Summary

In his contractual considerations the author proceeds from STAMMBERGER's thesis that the geological exploration generates an independent material product. The most aggravating legal consequences of this knowledge are shown for the contract of achievements on stone and earth raw materials and ground water between exploratory and utilizing enterprises (building industry, glass and ceramic industries, water economy, etc.)

Anmerkungen

1) Auf eine Referierung seiner Ansicht wird verzichtet und auf die Literatur verwiesen.
STAMMBERGER: Grundfragen der ökonomischen Geologie. Berlin 1966 (im weiteren zitiert: Grundfragen). — Das neue ökonomische System der Planung und Leitung der Volkswirtschaft und die geologische Arbeit in der DDR (Thesen). In: Z. angew. Geol., S. 217, Berlin 1965. — Zu einigen Ergebnissen mangelhafter Systemanalyse. In: Z. angew. Geol., S. 601, Berlin 1968. — Die Stellung der ökonomischen Geologie im gesellschaftlichen Reproduktionsprozeß. In: Z. angew. Geol., S. 217ff., Berlin 1970. — Gegenteilige Ansichten vertreten z. B. HESSMANN: Zum Wesen und Charakter des Systems und Gesamtprozesses geowissenschaftlicher Untersuchungsarbeiten (Geologische Forschung und Erkundung). In: Ber. dt. Ges. geol. Wiss., Reihe A, S. 127ff. (1968), und WENDT: Der Charakter der geologischen Arbeit, ebenda S. 137ff.

2) STAMMBERGER: Grundfragen, S. 19.

3) Zu dieser Klassifizierung der Kooperationsbeziehungen allgemein, vgl. GRAICHEN/ROUSCIK: Zur Wirtschaftsorganisation, S. 300f., Berlin 1971.
Wir berufen uns in dieser Frage auf die Autoren, obwohl sie den Stofffluß erst mit der Loslösung des mineralischen Rohstoffs aus dem Erdverband ansetzen (S. 94).

4) 3. DVO zum Vertragsgesetz, vgl. dazu FISCHER: Die rechtliche Regelung der Beziehungen zwischen dem Erkundungsbetrieb und dem später abbauenden Betrieb. In: Freiberger Forsch.-H., D 72, S. 68 (1970).

5) SUPRANOWITZ: Kooperation in Forschung und Technik. S. 141, Berlin 1968.

6) STAMMBERGER: Zu einigen Ergebnissen mangelhafter Systemanalyse. A. a. O., S. 602.

7) Davon zeugt § 1, Abs. 1, Ziff. 4 der 3. DVO zum Vertragsgesetz. Man sollte in einer zukünftigen Rechtsgestaltung der Vertragstypen die Erkenntnisse von Heuristikern nutzen. Sie stellen z. B. die Behauptung auf, daß sogenannte Routinestrecken bei Forschungs- und Entwicklungsarbeiten 85% bis 95% der geistigen Arbeit ausmachen; s. FRICK/MÜLLER: Systematische Heuristik — Instrument sozialistischer Wissenschaftsorganisation. In: Spektrum, H. 3, S. 9ff. (1970). Es schließt sich die Frage an, nach welchem Klassifizierungskriterium Wirtschaftsverträge zu typisieren sind?

8) Das verlangt gleichzeitig den Aufbau eines Informationssystems in den Territorien, um die zukünftigen Bedarfsträger zu ermitteln. Keiner weiteren Begründung bedarf es, daß gerade bei Steine-und-Erden-Rohstoffen die Höhe der Transportkosten den Bedarf beeinflussen wird. KNOCHENHAUER, PREUSKER & HAASE geben für Kiessande an, daß „im Republikdurchschnitt 60 bis 70% der Gesamtkosten je t frei Baustelle auf Transportleistungen" entfallen, in „Extremfällen betragen die Transportkosten das 5fache des Industrieabgabepreises". KNOCHENHAUER, PREUSKER & HAASE: Nutzbare Mineralien aus dem Nebengestein der Braunkohlentagebaue. In: Bergbautechnik, S. 261 (1968).

9) STAMMBERGER: Grundfragen, S. 145, ST. bezieht sich auf andere Fälle, die ebenfalls rechtlicher Normierung bedürfen. Sein Vorschlag scheint uns aber verallgemeinerungswürdig.

10) STAMMBERGER: Grundfragen, S. 134ff.

11) Im folgenden ist uns bewußt, daß das VG im § 96 eine analoge Anwendung der Rechtsfolgen nichtqualitätsgerechter Leistung auf andere Tatbestände zuläßt.

12) Gem. § 4 der Lagerstättenwirtschaftsanordnung (GBl. II 1971, S. 279) sind Konditionen „minimale, bei einzelnen Parametern auch maximale Forderungen an den Rohstoff und seine Gewinnungsbedingungen, bei denen sich die Lagerstättenvorräte noch zu einer volkswirtschaftlichen Nutzung eignen".

13) BACHMANN: Zur Optimierung des Erkundungsaufwands unter dem Aspekt des Bergbaurisikos. In: Freiberger Forsch.-H., A 416, S. 251 bis 262 (1967), wertet es als Risiko des Bergbaus.

14) Um die gegenwärtige Rechtspraxis anzudeuten: Beim Abbruch von Erkundungsarbeiten hat der Auftraggeber die anfallenden Kosten zu tragen.

15) In Anlehnung an MACHOWETZ: Die Rolle des Risikos bei der Entscheidung über Forschungs- und Entwicklungsvorhaben. In: Chemische Technik, 19, S. 240, April 1967.

16) Vgl. BADESTEIN, HILDEBRANDT & SÜSS: Zu Fragen des Risikos im Wirtschaftsrecht. In: Wirtschaftsrecht, S. 600f. (1970).

17) Zum Beispiel bezieht GEBHARDT, zwar aus der speziellen Situation der Erdöl-Erdgas-Erkundung, einen „Faktor zur Berücksichtigung anteiliger Aufwendungen für erfolglose Arbeiten" in die Preisermittlung für einen Lagerstättenvorrat ein. In: WTI, 1968, Sh. 8: Die Rolle der Preise im ökonomischen System der Erdöl- und der Gaserkundung und -förderung, S. 37.

Autorenkollektiv[1])

VIII. Welterdölkongreß in Moskau 13.–19. 6. 1971 – Informationsbericht –

Unter der Devise „Erdöl für das Wohl der Menschheit" fand vom 13. bis 19. 6. 1971 in Moskau der VIII. Welterdölkongreß statt, an dessen Arbeit eine repräsentative Delegation von Spezialisten der Erdölindustrie der Deutschen Demokratischen Republik teilnahm. Die Durchführung des VIII. Welterdölkongresses in der Hauptstadt der UdSSR dokumentierte die überragenden Leistungen der sowjetischen Wissenschaftler und Ingenieure auf allen Gebieten der Erkundung, Gewinnung und Verarbeitung von Erdöl und Erdgas.

Der Kongreß, dessen ausgezeichnete Organisation seitens des sowjetischen Nationalkomitees und dessen gesicherter Ablauf einmütig von allen Delegierten aus mehr als 60 Ländern gewürdigt wurden, stand ganz im Zeichen des in der Grußbotschaft des Vorsitzenden des Ministerrats der UdSSR, A. N. Kossygins, ausgesprochenen Wunsches, daß diese Zusammenkunft von Erdölfachleuten einer fruchtbaren internationalen Zusammenarbeit dienen und es gelingen möge, die weiteren Wege der Entwicklung der Erdölwissenschaft vorzuzeichnen und neuen Richtungen bei der Vervollkommnung der Technik und Technologie der Produktion zum Durchbruch zu verhelfen.

Der Eröffnungsrede des Präsidenten der Internationalen Erdölkongresse, F. Rossinis (USA), schloß sich als erster wissenschaftlicher Beitrag ein Plenarvortrag des Ministers für Erdölindustrie der UdSSR, W. D. Schaschins, über die Entwicklung der erdölgewinnenden Industrie der Sowjetunion an.

Er zeigte die gewaltige Entwicklung bei der Suche, Erkundung und dem Abbau von Erdöl und Erdgaslagerstätten in den verschiedenen Gebieten der UdSSR auf. Seit der Wiedererrichtung und technischen Rekonstruktion der Anlagen in den alten Erdölrevieren Baku, Grosny und Krasnodar in den ersten Jahren nach der Errichtung der Sowjetmacht wurde in der Folgezeit das Wolga—Ural-Gebiet mit so bedeutenden Lagerstätten wie z. B. Romaschkino und Tuymasa erschlossen. In den letzten Jahren führten die geologischen Forschungs-, Such- und Erkundungsarbeiten zur Entdeckung von Erdöl- und Erdgaslagerstätten in der Ukraine, in Belorußland, in der ASSR der Komi, in Mittelasien, Kasachstan, Westsibirien, Jakutien und auf der Insel Sachalin. Heute wird, so hob W. D. Schaschin hervor, Erdöl in allen wichtigen ökonomischen Gebieten der UdSSR gefördert. Die großen Perspektiven der sowjetischen Erdölindustrie werden schon daraus ersichtlich, daß Westsibirien heute allein zu 50% die Zuwachsrate gewonnenen Erdöls in der UdSSR abdeckt. Aus Westsibirien werden 1975 100 bis 120 Mill. und 1980 230 bis 260 Mill. t Erdöl der Volkswirtschaft bereitgestellt.

Der heutige Stand der Entwicklung der Erdölwissenschaft und der Erdölindustrie in der Sowjetunion, die Zielstellung dieses Landes, im Jahre 1975 500 Mill. t Erdöl und mehr als 300 Mrd. m^3 Erdgas zu fördern, wie auch die außerordentlich interessanten Beiträge der sowjetischen Delegierten auf dem VIII. Welterdölkongreß zeigten nicht nur, daß dieser Kongreß in der Metropole eines der führenden erdölfördernden und -verarbeitenden Länder der Welt ablief, sondern auch, wie bedeutungsvoll der Erfahrungsschatz der UdSSR auf den Gebieten der Erdöl-Erdgas-Suche, -Gewinnung und -Verarbeitung ist.

Programm des Kongresses

Das Programm umfaßte u. a. folgende geologisch-geophysikalische und bohrtechnische Themen:

Übersichtsvorträge

1. W. D. Schaschin (UdSSR): Die Erdölindustrie der UdSSR
2. W. W. Semenowitsch (UdSSR): Neue Erdöl- und Erdgasgebiete der UdSSR und ihre Perspektiven
3. A. Bouillot (Frankreich): Neue erdöl-erdgas-höffige Gebiete (außer UdSSR)
4. A. A. Bakirow; G. P. Owanesow (UdSSR): Über die wissenschaftlichen Prinzipien der Berechnung prognostischer Ressourcen an Erdöl und Erdgas
5. C. F. Burk jr. (Kanada): Systeme der Bearbeitung geologischer Daten auf der Basis von Datenverarbeitungsanlagen
6. G. Roberts jr. (USA): Neues in der Bohrtechnik
7. J. Riboud; N. A. Schuster (Frankreich): Moderne Errungenschaften auf dem Gebiet der feldgeophysikalischen Untersuchungen von Bohrungen

Diskussionssymposien

1. Neueste Ergebnisse bei der Klärung der Entstehung, Migration und Akkumulation von Erdöl und Erdgas und Methoden der Einschätzung der Perspektiven der Erdöl-Erdgas-Höffigkeit
2. Geologische und technische Aspekte der Erkundung von Erdöl und Erdgas unter den Bedingungen der kontinentalen Schelfe
3. Probleme der Erweiterung existierender Möglichkeiten des Bohrens auf Erdöl und Erdgas und ihrer Förderung bei großen Wassertiefen und widrigen marinen Bedingungen
4. Stratigraphische Fallen
5. Geophysikalische methodische Erkundung
6. Interpretation von Angaben der seismischen Erkundung mittels mathematischer Methoden
7. Probleme, Methoden und mögliche Lösungen auf dem Gebiet des Niederbringens und der Verwendung von übertiefen Bohrungen
8. Mathematische Modellierung von Erdöl- und Erdgaslagerstätten
9. Förderung von Kohlenwasserstoffen im späten Abbaustadium von Lagerstätten
10. Errungenschaften beim Abbau und bei der Verarbeitung von Ölschiefern, bituminösen Sanden, Schwerölen und Kohle

Spezialvorträge

1. E. L. Gealy (USA): Arbeitsergebnisse des Projektes für Meeresbohrungen in tiefen Wässern (1968–1971)
2. J. Thiery; R. Reynard (Frankreich); L. T. Papiroyskij; A. M. Isosimow (UdSSR): Versuche und Vervollkommnung des Flexodrillbohrens
3. G. W. Frank (USA): Einwirkung einer Atomexplosion auf eine erdgasführende Schicht entsprechend dem Projekt „Rulison"
4. S. A. Orudsew; A. A. Bakirow; P. Ja. Antropow; G. P. Owanesow; E. A. Bakirow; Sch. K. Gimatudinow; M. A. Gusejn-Zade; P. A. Petrow; I. D. Umrichin (UdSSR): Anwendung unterirdischer Atomexplosionen zur Intensivierung des Abbaus von Erdöllagerstätten
5. R. E. Smith (USA); M. W. Clegg (Großbritannien): Untersuchung und Projektierung von Fördersonden in Frostböden großer Mächtigkeit
6. M. B. Dobrin (USA): Navigation mittels künstlicher Erdsatelliten und die Bestimmung der Koordinaten von Objekten bei der marinen Erkundung und dem Niederbringen von Bohrungen auf Erdöl und Erdgas
7. M. R. Wyllie (USA): Erosionsbohren
8. W. S. Wysemirskij; A. N. Dimitriew; A. A. Trofimuk (UdSSR): Suchkriterien gigantischer Erdöllagerstätten
9. A. Ch. Mirsadshanzade; A. D. Amirow; S. M. Achmedow; G. I. Barenblatt; R. S. Gurbanow; W. M. Entow; Ju. W. Saizew (UdSSR): Über die Besonderheiten des Abbaus von Erdöl- und Erdgaslagerstätten unter den Bedingungen des Auftretens eines Anfangsdruckgradienten bei der Bewegung von Erdöl und Erdgas

Inhaltliche Übersicht über die erdölgeologische, geophysikalische und bohrtechnische Thematik des VIII. Welterdölkongresses

GEOLOGIE UND TECHNIK DER ERKUNDUNG UND DES ABBAUS VON ERDÖLLAGERSTÄTTEN

Geologie

Entstehung, Migration und Akkumulation von Erdöllagerstätten

In den Vorträgen und den Diskussionsbeiträgen wurde prinzipiell davon ausgegangen, daß

Kohlenwasserstoffe organischer Entstehung sind (organische Substanzen in den Sedimenten sind die Ausgangsstoffe für die in der Erde vorhandenen industriell nutzbaren Kohlenwasserstoffe und ihre Akkumulationen);

[1]) Autorenkollektiv: H. Dubslaff, K. Fischer, A. Frank, B. Kölbel, J. Scheler, A. Söllig, P. Teumer, R. Wienholz, F. Zelt. Redaktionelle Bearbeitung: F. Zelt.

der Bildungsprozeß der Kohlenwasserstoffe in mehreren Phasen abläuft, wobei zunächst biochemische (bakterielle Umsetzungen) Vorgänge stattfinden, auf die diagenetisch-chemische und thermokatalytische Prozesse folgen;
die wichtigsten Erdölkomponenten und die Masse der Kohlenwasserstoffe dem thermokatalytischen Prozeß entstammen;
die Temperatur entscheidend für die Bildungsprozesse ist.
Weitere wesentliche Ergebnisse bzw. Vorstellungen sind:
Bei der Primär- und Sekundärmigration können Diffusion und Strömung auf Mikrorissen eine Rolle spielen, die Hauptmenge der KW wird vermutlich mit dem Wasser transportiert und durch dieses in den Fallen akkumuliert. Die Hauptargumente wurden vor allem von den sowjetischen Autoren zusammengefaßt.

Zu den allgemeinen bekannten Vorstellungen kamen als neue Momente hinzu (KARZEW-WASSOEWITSCH u. a.): Der starke Einfluß auf die ablaufenden Prozesse, die Synthese aller Untersuchungen, die den Beginn der Hauptphase der thermokatalytischen Umwandlung auf 60 bis 65 °C festlegen, und die Herausarbeitung der Parallelitäten zwischen der Umbildung des humosen (Kohle) und des sapropelischen Materials (Erdöls und Gases). Bisher hatte man mit viel höheren Temperaturen gerechnet.

Die Montmorillonitumwandlung, die schon POWERS (1967) als Wasserlieferant ins Spiel gebracht hatte, wird als wesentliche Hilfe bei der Primärmigration angesehen, seit man weiß, daß auch dieser Umwandlungspunkt bei niedrigerer Temperatur, als bisher angenommen, liegen kann.

Seitens des Französischen Erdölinstituts wurde versucht, den Bildungsprozeß mathematisch zu modellieren (TISSOT & PELET); hierbei wird versucht, die in einem bestimmten Gebiet erkannten Gesetzmäßigkeiten der Erdölbildung in Einzelgesetzen zu abstrahieren und damit ein Modell zu schaffen, das auch für andere Gegenden anwendbar ist. Die dazu gewählten Schritte sind:

a) Aufstellung eines Reaktionsschemas für die Umwandlung der organischen Substanz;
b) Einführung der Kinetik des Vorgangs;
c) Simulierung dieses Schemas auf einem Computer.

Das Reaktionsschema basiert auf den experimentellen Untersuchungen von TISSOT & MCIVER über die Schritte bei der Umbildung der organischen Substanz von den schweren, heteroatomigen Substanzen zu den leichten KW, aber auch zu den polymeren Asphaltenen und Harzen. Untersuchungen des im Sediment eingeschlossenen organischen Materials liefern die Ausgangsbasis. Die Kinetik ergibt sich aus den Untersuchungen zur Veränderung der organischen Substanzen im Toarce des Pariser Beckens, und zwar aus KW- und Harz-Asphalten-Bildung, in Abhängigkeit von Versenkungstiefe und Temperatur; daraus ist bei Kenntnis der nötigen Parameter auch die KW-Bildung in Abhängigkeit von der Zeit zu gewinnen. Das wird insgesamt in allgemeiner Form programmiert und ergibt nach Berechnung die Menge des gebildeten Öls pro Gramm C_{org} für alle Punkte eines Beckens in der Hauptbildungszeit. Trotz des hypothetischen Charakters einiger Prämissen ist hiermit ein Anfang auf dem Gebiet der quantitativen Erfassung der Vorgänge gemacht.

Gegenüber den obengenannten Autoren schränkt SILVERMANN die Ausgangssubstanzen auf die Lipide ein. Seine Beweise mit Hilfe der C^{13}:C^{12}-Verhältnisse sind den Fachleuten bekannt und brauchen nicht wiederholt zu werden. Abgesehen von den niedrigen Deltawerten der Gasolinfraktion, die er durch den Crackvorgang erklärt, weist er auf das sekundäre Minimum des Deltawerts bei der Siedefraktion von ca. 450 °C hin. In diesem Bereich liegen die stabilsten Lipide. Ab 450 °C werden sich nur noch die nichtwandelbaren schwersten Moleküle in der Muttersubstanz befinden, die hochpolymeren, weshalb der Kurvenwendepunkt bei 450 °C gewählt wurde.

Interessant und neu ist in diesem Zusammenhang auch der Befund, daß die kumulative Kurve der Mengen der siedenden Anteile, gegen die Siedepunkte aufgetragen, eine Gerade ergibt; dies ist ein Hinweis dafür, daß Erdöl kein Zufallsprodukt, sondern das Ergebnis einer gesetzmäßigen Entwicklung ist.

Es wurden weiterhin die Bedeutung des hydrodynamischen Systems bei der Lagerstättenbildung herausgestellt und die Kriterien für die Suche daraus abgeleitet (MEINHOLD).

Stratigraphische Fallen

Als stratigraphische Fallen werden im wesentlichen solche verstanden, die durch eine Veränderung der Speichereigenschaften bedingt sind, d. h. Übergehen bzw. Begrenzung permeabler Speicher in bzw. durch inpermeable Gesteine (bedingt durch Fazieswechsel, Transgression oder Regression; begrabene Flußläufe bzw. -deltas, Riffe).

Die Bedeutung der stratigraphischen Fallen wird durch folgende Angaben unterstrichen: Von den 266 großen und übergroßen Erdöl- und Erdgaslagern, die in der Studie der "American Association of Petroleum Geologists" ausgewiesen sind, sind 10% stratigraphische Fallen, ebenso sind 10% der nachgewiesenen Vorräte an solche Fallen gebunden; darunter solche wie:

das Bolivar-Coastel-Feld in Venezuela mit über 4 Mrd. m^3 Erdölvorräten;
das Prudhoe-Bay-Feld in Alaska mit über 3 Mrd. m^3 Erdölvorräten;
das Poza-Rica-Feld in Mexiko mit über 200 Mill. m^3 Erdölvorräten;
das Rugoton-Feld in Kansas—Oklahoma—Texas mit ca. 280 Mrd. m^3 Erdgasvorräten.

Das Finden von Kohlenwasserstofflagern, die an stratigraphische Fallen gebunden sind, war in der Vergangenheit Zufall bzw. wurde begründet durch das Verfolgen oberflächiger Erdölaustritte. Nur in relativ geringem Umfang — speziell Rifflager — waren gezielte geologisch-geophysikalische Vorbereitungen erfolgreich. Die z. T. beachtlichen Vorratsmengen in den bekannten stratigraphischen Lagern rechtfertigen und begründen jedoch umfassende Forschungs- und Untersuchungsarbeiten zum Auffinden solcher Lager.

Prinzipiell wurde herausgearbeitet (KING; ALEKSIN u. a.), daß mit detaillierten geologischen Untersuchungen (speziell Paläogeographie, Paläomorphologie, Paläotektonik) ein Gebiet für die Suche nach stratigraphischen Fallen vorbereitet werden muß.

Die gewaltige Verfeinerung der seismischen Methoden in den letzten Jahren eröffnet die Möglichkeiten, Erfolge bei der Kartierung von stratigraphischen Auskeilungen und Faziesänderungen zu erzielen. Weiterhin muß die Vorbereitung durch Basis- und Parameterbohrungen („Wildcats") erfolgen. Erst danach kann eine gezielte Suche beginnen.

Auch während der Suche und ebenso während der Erkundung und des Aufschlusses nachgewiesener stratigraphischer Lager ist ein umfangreiches Programm geologisch-geophysikalischer Arbeiten erforderlich. Dies wurde an einer Reihe von Einzelbeispielen demonstriert.

Das an ordovizische Speicher, die in glazialen Erosionstälern auftreten, gebundene Erdöllager in der Struktur Tin Fouye (Zentralsahara) wurde erkundet, ausgehend von detaillierten Untersuchungen (sedimentologisch, geomorphologisch) in den oberflächigen Ausbissen dieser Schichten, mittels komplexer geologisch-geophysikalischer Methoden (Reflexionsseismik, Bohrlochmessungen, Auswertung der Bohrergebnisse).

Beim Aufschluß der Erdöllager der Oficina-Region (Venezuela), die an „channel-sands" (begrabene Flußläufe) gebunden sind, wurden besonders durch das Niederbringen und Auswerten von Struktur- und stratigraphischen Bohrungen Erfolge erzielt. In den letzten 10 Jahren wurden hier etwa 700 stratigraphische Bohrungen geteuft und damit mehrere hundert Mill. Barrels (100 Mill. Barrels = 15,8 Mill. m^3) neuer Erdölvorräte entdeckt.

Am Beispiel des Nahorkatiya-Feldes (Assam) wurde gezeigt, wie die Rekonstruktion der tektonischen Entwicklung des Gesamtgebietes im Komplex mit paläogeographischen Untersuchungen die Ableitung der Migrations- und Akkumulationsverhältnisse ermöglichte.

Das Mitsue-Ölfeld (Alberts) und die Roma-Region (Queensland) wurden als Beispiel für stratigraphische Fallen, die an Deltasysteme gebunden sind, vorgestellt. Grundlage der Suche und Erkundung waren hier vor allem detaillierte sedimentologische Untersuchungen.

Spezifische geologische und technische Aspekte der Erkundung von Erdöl im Bereich der Kontinentalschelfe

Für Ingenieurbauten und die Verlegung von Pipelines im Off-shore-Bereich ist die Kenntnis der physikalischen Eigenschaften der am Meeresgrund abgelagerten Sedimente unerläßlich. Die Verteilung der marinen Böden im Kontinentalschelf ist abhängig vom Bildungsmilieu. Innerhalb der Milieufaktoren dominiert die Kraft der Gezeitenströme; sie ist verantwortlich für

die stabile Akkumulation der Sedimente in den Ablagerungsbecken,

das Auftreten von Sedimenten als bewegliche Schicht,

das Fehlen von Sedimenten.

Bohren und Probenahme (oft bis 100 m unter Meeresboden), Test und Analyse werden in Verbindung mit Akustikmessungen durchgeführt, um die jeweiligen Bodentypen und ihre geotechnischen Eigenschaften zu bestimmen. Da mit der Möglichkeit von Schwankungen des Meeresbodens gerechnet werden muß, die die Stabilität der Bauten beeinträchtigen, können die Milieubedingungen nur nach gründlichen Arbeiten eingeschätzt werden.

Das Mittelmeer ist ein „kleines Ozeanbecken", das durch eine junge Orogenese entstand, die sich infolge des Absinkens und der Drift ihrer Mikrokontinente entwickelt hat. Im westlichen Mittelmeer scheint dieser Prozeß abgeschlossen zu sein, während er im östlichen Mittelmeer teilweise noch abläuft. Mehrere Sedimentbecken werden innerhalb des Mittelmeers ausgewiesen. Die Becken, die gegenwärtig die Aufmerksamkeit der Erdölgesellschaften auf sich ziehen, sind:

a) das intrakratonische Ebrobecken: Es ist das eindrucksvollste des NW streichenden mesozoischen Levantebeckens. Zwei im letzten Jahr im Off-shore-Abschnitt dieses Beckens nachgewiesene Erdölvorkommen lenkten die Aufmerksamkeit der Ölgesellschaften auf dieses Gebiet;

b) das extrakontinentale Pobecken: Das Becken ist ein reicher Gasproduzent des Pliozäns an seiner stark gefalteten Südostflanke und bietet ein gutes Potential für stratigraphische Fallen an seiner NE-monoklinalen Flanke;

c) das Abruzzenbecken: Es ist das interessanteste in dieser Kategorie der extrakontinentalen Becken. Es bietet gute Möglichkeiten für die Entdeckung von Lagerstätten in den Algen-Riffkalken des Unteren Miozäns und in den pliozänen Klastika.

Ebenfalls interessant sind die Becken von Trapani und Epirus wegen ihres Erdölpotentials im Mesozoikum und/oder Tertiär. Die „intramontanen" Querbecken von Saloniki und Thrakien in Griechenland und in der europäischen Türkei, bisher erfolglos auf dem Festland abgebohrt, zeigen ein zunehmendes Ansteigen der Tertiärmächtigkeit in ihrem Off-shore-Bereich.

Außerdem zeigen die zentraladriatische und die tunesisch-sizilianische Plattform sehr gute Chancen für bedeutende Erdölaufschlüsse in den karbonatischen Formationen der Trias, deren Abdeckung von den „Schwarzschiefern" oder den Evaporiten des Unteren Juras und der Oberen Trias gebildet wird.

Die größte topographische Linie auf der festen Erdoberfläche ist die Kontinentalterrasse. Sie umfaßt die Küstenebene, den Kontinentalschelf und den Kontinentalabhang.

Über 75% der Welterdölreserven kommen in diesen Territorien vor, hier werden die meisten Erdölvorräte der Zukunft entdeckt werden. Dessen ungeachtet variiert das Auftreten des Erdölvorkommens in den Sedimenten des Kontinentalschelfs und der Randmeere aus gegebenen Ursachen stark.

Die Fläche des Welt-off-shore-Schelfs bis 300 m Wassertiefe beträgt 26 Mill. km². Vom gesamten Schelf entfallen 58% auf Beckenflächen. Nur etwa ein Drittel der Beckenflächen oder 19% des Schelfs ist kommerziell attraktiv für Erdöl. Die potentiellen KW-Ressourcen der Weltschelfe wurden auf 790 Billionen Barrels flüssiges Erdöl, 400 Billionen Barrels Erdölgasäquivalent, 300 Billionen Barrels Sekundärölgewinnung und 200 Billionen Barrels aus schweren Ölsanden geschätzt. Viele Gründe sprechen für das Off-shore gegenüber dem Festland. Sie umfassen: niedrigere geologische und geophysikalische Kosten, schnelles Bohren vieler Bohrungen von einer einfachen Plattform, die Verzeichnung einer größeren Wildcat-Erfolgsrate, größere Durchschnittsgrößen der Entdeckungen und größere Durchschnittserträge pro Acre und pro gebohrter Sonde.

Der Kontinentalschelf, -abhang und -anstieg des nördlichen Südamerikas wird durch eine Reihe längsgerichteter Becken, Gräben, Rücken, aufgegabelte Schelfe, verschiedene Abhänge und Inselgruppen gebildet, die nicht typisch für normale Kontinentalschelfmilieus sind.

Diese ungebräuchliche Charakteristik, die mit einem sehr komplexen strukturellen System längs der venezolanischen Küste und der vorgelagerten Insel kombiniert ist, macht dieses Gebiet zu einem der interessantesten Kontinentalränder der Welt.

Die jungtertiären Sedimentationsfolgen, die überall auf dem Kontinentalschelf und -abhang des Golfs von Venezuela, des Orinocodeltas und die mächtigen parallelen Sedimentationströge, die längs des Bonairebeckens, des Curaçaorückens, des Cariacograbens und des Margarita-Tobago-Geosynklinalgürtels verlaufen, zeigen enorme Möglichkeiten für wirtschaftliche Erdölakkumulationen.

Ungefähr 70% der Welterdöl- und -erdgasproduktion wird aus Sedimenten des Tertiärs erzielt. Ferner kommen über 18% dieser Produktion aus den Off-shore-Sedimentationsbecken, und es ist berechnet worden, daß im Jahre 1980 annähernd ein Drittel der gesamten Weltproduktion aus dem Kontinentalschelf und -abhanggebieten kommen wird.

Das charakteristische Merkmal der Entwicklung der heutigen Erdölindustrie ist, daß die Erkundungsaktivität auf die Suche von Öl und Gas in den Schelfgebieten gerichtet ist. Die Schelfgebiete der UdSSR haben eine Tiefe bis 500 m und belaufen sich auf insgesamt über 7600000 km².

Das perspektivischste der Binnenmeere der UdSSR ist der Kaspisee. Im Schwarzen Meer sind der NW-Teil und das Fallengebiet seewärts der Kolchisdepression die interessantesten Teile für die Suche nach Öl und Gas. Bohrarbeiten sind auf einer Anzahl von Strukturen im Asowschen Meer vorgesehen. Es ist möglich, Öl und Gas innerhalb der Grenzen des Schelfs der Ostsee zu entdecken.

Die aussichtsreichsten Gebiete sind solche, die mit den nördlichen und östlichen Meeren der UdSSR in Zusammenhang stehen, d. h. mit den Depressionen, die an die nachgewiesenen öl- und gasführenden Regionen auf dem Festland grenzen. Die geologische Struktur und die Öl-/Gas-Perspektiven der äußeren Depressionen, die sich entlang der äußeren Schelfgrenze erstrecken, sind bis jetzt noch nicht geklärt.

Ein Teil der Ostsee, der sich entlang den Grenzen der UdSSR erstreckt, ist ein Schelfgebiet mit einer Wassertiefe, die 200 m nicht übersteigt. Die Gesamtfläche des Schelfs dehnt sich bis zur Mittellinie zwischen den Territorialgewässern der UdSSR, Schwedens und Finnlands aus und beträgt 94200 km². Die geologische Struktur des beschriebenen Teils des Schelfs wurde basierend auf gravimetrischen, magnetischen und seismischen Untersuchungen und durch Reflexionsmethoden untersucht. Der beschriebene Teil der Ostsee umfaßt die Ladoga-Monoklinale des Baltischen Schildes und die Baltische Syneklise.

Der Baltische Schild mit seinen allmählich eintauchenden Flanken ist in Hinblick auf Öl und Gas nicht perspektivisch. Die SE-Fläche der Ostsee wird durch einen Teil der Baltischen Syneklise eingenommen, die aus einer mächtigen Gesteinsfolge (mehr als 3200 m) von Ripheikum bis Quartär einschließlich besteht.

Als ein Ergebnis von Landbohrungen wurde die folgende Gesteinsfolge durchsunken: ripheische und kambrische terrigene Gesteine, ordovizische und silurische schiefrige und Karbonatgesteine, devonische, unterkarbonatische und permische terrigene und chemogene Gesteine, terrigene und Karbonatgesteine aller mesozoischen Systeme und paläogene und neogene terrigene Gesteine.

Das kristalline Fundament ist durch Störungen zerbrochen, die NW—SE streichen. Gemäß den Daten der seismischen Untersuchungen können gleichfalls einige andere Elemente, die sich in Längsrichtung erstrecken, skizziert werden. Innerhalb der Grenzen der Syneklise können die Niven- und die Zemietii-Depression unterschieden werden, die durch die Strukturnase von Klaipeda getrennt werden. Über 60 lokale Hochlagen wurden in der Sedimentdecke entdeckt. Ihre Ausmaße sind 5 bis 16 × 1,5 × 5 km, und die Amplituden liegen in der Größenordnung von 50 bis 100 m. Öl- und Gasanzeichen sind im allgemeinen überall in der Folge von Ripheikum bis Quartär, insbesondere aber in den Gesteinen von Kambrium bis Perm einschließlich, vorhanden.

Etwa fünf Ölfelder wurden in den angrenzenden Festlandgebieten entdeckt. Die höchsten Zuflüsse wurden aus dem Mittel- und Oberkarbon in der Größenordnung von 122 t/d erzielt.

Die wissenschaftlichen Prinzipien der Berechnung prognostischer Ressourcen an Erdöl und Erdgas

Im Vergleich mit der Entwicklung der Prinzipien und Methoden für die Berechnung von Vorräten industrieller Kategorien sind die Untersuchungen für die Quantifizierung der Vorratszahlen prognostischer Erdöl-Erdgas-Vorräte zurückgeblieben. Von diesen Schwierigkeiten zeugt, daß sich allein im Verlauf der letzten 10 Jahre die Vorräte an Erdgas im Weltmaßstab zwischen 140 bis 150 und 582 Trillionen m^3 bewegten (in der UdSSR 157 = 11,4 Trillionen m^3, 1970 = 83 Trillionen m^3). Die Fehlerquellen sind vor allem durch die Annahme einer regional relativ gleichmäßigen Verteilung der Kohlenwasserstoffe und, daraus resultierend, der Verwendung von Mittelwerten für große Territorien zur Berechnung prognostischer Vorräte zu suchen. Demgegenüber zeichnet sich generell eine große Ungleichmäßigkeit in der territorialen Verteilung von Erdöl-Erdgas-Lagerstätten ab. Weiterhin berücksichtigen einige Methoden, wie z. B. die Methode der gemittelten Struktur, nicht die Ressourcen in lithologischen und stratigraphischen Fallen. Die Anwendung der volumetrisch-genetischen Methode wirft offene Probleme der Genese der Kohlenwasserstoffe auf und birgt für die Einschätzung potentieller Muttergesteine, insbesondere karbonatischer, erhebliche Schwierigkeiten in sich. Andererseits sind statistische Methoden, unter Verwendung mathematischer Funktionen, insbesondere hinsichtlich der erdölgeologischen Spezifika, bisher ungenügend theoretisch begründet.

Ausgangspunkt für eine glaubwürdige Prognose der Erdöl-Erdgas-Vorräte muß nach A. A. BAKIROW & G. P. OWANESOW (UdSSR) eine vorläufige geologische Rayonierung des Untersuchungsgebiets auf der Grundlage des folgenden tektonischen Prinzips sein.

Erdöl-erdgas-höffige Provinz
(Territorien mit gleichem Alter des gefalteten Fundaments)
↓
Erdöl-erdgas-höffiges Gebiet (Subprovinz)
(Territorien bestimmter geostruktureller Elemente)
↓
Zone der Erdöl-Erdgas-Akkumulation
(Gruppen benachbarter und im geologischen Bau ähnlicher Kohlenwasserstofflagerstätten, die genetisch den gleichen Fallentyp aufweisen)

Ausgehend davon wird vorgeschlagen, die Berechnung prognostischer Vorräte vorzunehmen:

einzeln für jedes geostrukturelle Element, zu dem ein erdöl-erdgas-höffiges Gebiet (Subprovinz) gehören kann;

einzeln für jede regional erdöl-erdgas-höffige Schichtenfolge, unter Beachtung der Sedimentationsbedingungen, der Mächtigkeiten und Speichereigenschaften der Ablagerungen sowie der Areale einer möglichen Erdöl-Erdgas-Führung im Profil und der Fläche.

Die vorgeschlagene Berechnungsformel lautet unter Berücksichtigung obenangeführter Faktoren:

$$Q = (F_1 + F_2 + F_3)\, hqk$$

Q – prognostische Ressourcen des einzuschätzenden Territoriums; t; F_1, F_2, F_3 – Territorien voraussichtlicher Zonen der Erdöl-Erdgas-Akkumulation entsprechend dem strukturellen, lithologischen und stratigraphischen Typ innerhalb der zu bewertenden lithologisch-stratigraphischen Einheit; m^2; h – mittlere Speichermächtigkeit im Profil der einzuschätzenden regional erdöl-erdgas-höffigen Ablagerungen; m; q – mittlere Menge der Erdölressourcen pro Volumeneinheit Speichergestein der regional erdöl-erdgas-höffigen Ablagerungen (die Menge wird aus der Analogie mit einer ähnlichen gutuntersuchten als Richtwert dienenden, Subprovinz bestimmt), t/m^3; k – Koeffizient, entsprechend dem Grad der regionalen Abdeckung der erdöl-erdgas-höffigen Ablagerungen. Sind F_1, F_2, F_3 nicht bestimmbar, so ist der Wert F (Gesamtfläche der Zonen der Erdöl-Erdgas-Akkumulationen) einzusetzen.

Es wurde weiterhin im internationalen Rahmen eine Unterteilung der prognostischen Ressourcen in zwei Kategorien, wie sie in der UdSSR angewendet wird, vorgeschlagen. Gleichzeitig wurde die Durchführung eines speziellen Symposiums zur Unifizierung der Methoden für die Berechnung prognostischer Vorräte im Rahmen des Ökonomischen Rats der UNO angeregt.

Systeme der Bearbeitung geologischer Daten durch Verwendung von EDVA

Der ungeheure Anfall von Daten sowohl in der Geologie als auch in der Geophysik zwingt zur Schaffung von entsprechenden Bearbeitungssystemen. So wurden Kartotheken erarbeitet, die neben den Angaben des geologischen Systems usw. auch Kernanalysen und Angaben über den Kohlenwasserstoffgehalt der Speichergesteine enthalten. Neben diesen Daten wurden für Forschungsbohrungen Angaben über sämtliche bohrlochgeophysikalischen Vermessungsarbeiten zusammengestellt.

Die Codierung der Daten erfolgt entweder mit Symbolen oder Buchstaben, Zahlen usw. In Frankreich verwendet man die semantische Codierung, während in den USA, Kanada, England die Standardmethoden zum Einsatz gelangen. Die Ausgabe der Daten erfolgt nach unterschiedlichen Systemen (Kanada: SAFRAS, USA: GIPSI), wobei Zeichnungen, Diagramme usw. entweder über Plotter oder durch photographische Einrichtungen ausgegeben werden.

Angewendet werden die Datensysteme auf:

Ausgabe von Daten über Tiefbohrungen einschließlich der geophysikalischen Meßergebnisse;
Ausgabe von Karten und Profilen;
Ausgabe von Trendanalysen, Klassifizierungen;
Ausgabe von Karottageergebnissen, von Ergebnissen der Kernanalysen;
Ausgabe von Ergebnissen der geochemischen Aufnahme.

Es wird neben den nationalen Aufgaben der Datenspeicherung und -verarbeitung auch die Schaffung von wirksamen Verbindungen und Informationszentralen auf internationaler Ebene erwogen und diskutiert.

Fortsetzung folgt im nächsten Heft

Das Niederbringen von Basisbohrungen auf Erdöl und Erdgas in der UdSSR

I. P. SUBOW, A. F. JELISTRATOWA, I. I. KOSHEWNIKOWA, B. A. SOLOWJOW & W. JA. SCHIROKOW, UdSSR

Die Erfahrungen zeigen, daß die Entwicklung der Erdöl- und Erdgasindustrie der UdSSR am besten durch einen Vorlauf in der Untersuchung des regionalen geologischen Tiefbaus mit einer Gesamteinschätzung der Perspektiven der Öl- und Gasführung gewährleistet wird. Dieses Problem wird durch ein System von Basisbeobachtungen unter komplexer Anwendung der verschiedenen geologischen und geophysikalischen Arbeiten gelöst. Äußerst wichtig für regionale Untersuchungen sind dabei die Basisbohrungen, die zu einer Klärung der allgemeinen Gesetzmäßigkeiten des geologischen Baues, der Erdöl- und Erdgasführung der großen geostrukturellen Elemente, der Tiefenhorizonte in der sedimentären Hülle und der aussichtsreichsten Richtungen weiterer geologischer Erkundungsarbeiten auf Erdöl und Erdgas beitragen.

Basisbohrungen werden nach einer tiefgründigen

Aus: „Sowjetskaja geologija", 14, Nr. 2, Moskau 1971.
Übers.: W. OESTREICH, Berlin.

Analyse der gesamten vorhandenen geologisch-geophysikalischen Informationen angesetzt. Sie liegen gewöhnlich einzeln, seltener bilden sie langgestreckte Profile. Basisbohrungen dringen bis in die Gesteine des Fundaments vor, deren Alter ermittelt und deren stoffliche Zusammensetzung bestimmt werden soll; sie haben die Gesteine der Tafelhülle bis in die technisch mögliche Teufe zu durchörtern; auf jungen Tafeln sollen die Gesteine des tektonischen Zwischenstockwerks in ihrer vollen Mächtigkeit aufgeschlossen werden.

Das Abteufen von Basisbohrungen erfolgt entsprechend den gültigen Instruktionen mit durchgängiger oder erhöhter Kernentnahme; dazu laufen ein voll komplettiertes bohrlochgeophysikalisches Programm und ein Testprogramm auf alle möglichen öl-, gas- und wasserführenden Horizonte ab.

Nach Abschluß der makroskopischen Beschreibung wird etwa die Hälfte des Kernmaterials für spätere Untersuchungen aufbewahrt; der andere Teil unterliegt einer allseitigen komplexen wissenschaftlichen Bearbeitung (physikalische Parameter, Speichereigenschaften, petrographische, paläontologische, chemische, geochemische, magnetométrische Untersuchungen u. a.).

Nach den Unterlagen, die beim Abteufen, bei der Bearbeitung des Kerns, der Spülproben, der Wasser-, Erdöl- und Erdgasproben erhalten wurden, und den Ergebnissen des Gaslogs, der geophysikalischen und geothermischen Untersuchungen und der Teste wird ein zusammenfassender wissenschaftlicher Bericht über jede Basisbohrung angefertigt. Die Beschreibung des von der Bohrung erschlossenen Profils, die Zusammenstellung der wichtigsten Daten der Laboruntersuchungen und kurzgefaßte Folgerungen über den geologischen Bau und die Erdöl- und Erdgasführung des betreffenden Gebiets werden in der Schriftenreihe „Die Basisbohrungen der UdSSR“ (WNIGNI, WNIGRI) veröffentlicht.

Akademiemitglied I. M. GUBKIN begründete die Methodologie des Basisbohrens. Bereits in der Mitte der dreißiger Jahre sprach er sich für eine Untersuchung des Tiefenbaus und der für die Erdöl- und Erdgasakkumulation günstigen Bedingungen im Bereich der Russischen Tafel mittels des Abteufens eines Systems von Untersuchungs„struktur“bohrungen aus. Das Abteufen solcher Bohrungen in der Vorkriegsperiode und während des Großen Vaterländischen Krieges führte zur Entdeckung der Wolga-Ural-Erdöl-und-Erdgas-Provinz.

In einer ersten Periode, von 1947 bis 1950, wurden die Basisbohrungen nach geologischen und strukturgeologischen Kartierungen vorwiegend auf gutausgeprägten positiven Strukturen angesetzt. Später begann man, hierfür auch die Daten regionaler geophysikalischer Kartierungen (Gravimetrie und Magnetik) mit heranzuziehen. Mit der Entwicklung der seismischen Erkundungsmethoden erlangen diese Verfahren derzeit eine immer größere Bedeutung für die Auswahl der Bohransatzpunkte. Für die Untersuchung möglichst vollständiger Profile der Sedimentfolgen und den Nachweis möglicher erdöl- und erdgasführender Horizonte in dieser Hülle bohrt man in den am stärksten abgesunkenen Zonen. Für die Begründung des Ansatzes von Basisbohrungen ist heute eine sorgfältige Analyse des Gesamtkomplexes der geologisch-geophysikalischen Information, vor allem der seismischen Erkundung, erforderlich. Ab 1947 wurden in der UdSSR 244 Basisbohrungen mit einer Gesamtbohrmeterzahl von 560000 m abgeteuft (s. Tab.).

Entwicklung der Basisbohrungen in der UdSSR

Jahre	Anzahl der beendeten Basisbohrungen	Durchschnittliche Endteufen der Basisbohrungen in m
1947 bis 1950	50	1727
1951 bis 1955	104	2137
1956 bis 1960	38	2639
1961 bis 1965	16	2776
1966 bis 1969	36	2947

Die Verteilung der Basisbohrungen nach Regionen wird durch folgende Ziffern charakterisiert: Im europäischen Teil der RSFSR wurden 90 Basisbohrungen niedergebracht (mit Teufen von 477 bis 4185 m), im asiatischen Teil der RSFSR 64 (618 bis 3450 m), in der Ukraine und in Moldawien 26 (754 bis 3003 m), in Belorußland 6 (580 bis 4000 m), in Kasachstan 13 (1231 bis 6806 m), in den Republiken Transkaukasiens 19 (1457 bis 4011 m), im Baltikum 6 (477 bis 2658 m) und in Mittelasien 29 (1430 bis 3503 m). Basisbohrungen mit geringen Endteufen erklären sich aus der Anfangsperiode der regionalen Untersuchungen, bei der die wichtigsten Bauzüge der Oberfläche, des Fundaments und der sedimentären Hülle in der UdSSR noch nicht hinreichend geklärt waren.

Verbunden mit Sucharbeiten auf Erdöl und Erdgas, mit geologischen und geophysikalischen Untersuchungen vermittelte das Basisbohren außerordentlich wertvolle neue Angaben über viele Regionen. Sie führten zu grundlegenden Änderungen bestehender Vorstellungen über den Tiefenbau einer Region oder über ihre Aussichten in bezug auf eine Erdöl- und Erdgasführung. Sie gestatteten auch das Erkennen von Gesetzmäßigkeiten der Gesteine des sedimentären Komplexes, dessen Schichten wesentlich genauer zu fassen und leichter zu stratifizieren waren. Das Profil war besser in Speicher- und schwachdurchlässige Schichten zu gliedern, die direkten und indirekten Anzeichen der Erdöl- und Erdgasführung einfacher festzustellen; in einer Reihe von Fällen gab das Basisbohren auch die Möglichkeit, Erdöl- und Erdgaslager zu finden sowie die Existenz fester mineralischer Rohstoffe und unterirdischer Wässer im Profil nachzuweisen. Mit Hilfe der stratigraphischen Korrelation zwischen Basisbohrungen wurden die Verbreitungs- und Veränderungsgesetzmäßigkeiten der genetischen Gesteinstypen präzisiert, für die Erdöl- und Erdgasbildung und -akkumulation günstige Fazies ermittelt, die Besonderheiten der Mächtigkeitsveränderungen einzelner Schichtenfolgen festgestellt und die paläogeographischen Verhältnisse für große Regionen rekonstruiert.

Die Basisbohrprofile ermöglichten eine Ergänzung der Vorstellungen über die Stratigraphie der Russischen Tafel, des Kaukasusvorlands und Mittelasiens. Es konnte eine Reihe vereinheitlichter stratigraphischer Schemata dieser Territorien aufgestellt werden. Die durch Korrelation erhaltenen Unterlagen wurden den Atlanten der lithologisch-paläogeographischen Karten der Russischen Tafel und Mittelasiens zugrunde gelegt.

Das Studium von Basisbohrprofilen gestattete das Sammeln außerordentlich wichtiger Angaben über die

Tiefentektonik und Paläotektonik vieler Regionen, über die Grenzen der alten Tafeln und den Charakter ihrer Verknüpfung mit den Faltengebieten oder mit jungen Tafeln. Die komplizierte Gliederung der Oberfläche des kristallinen oder gefalteten Fundaments der Tafeln und das Auftreten einer Nichtübereinstimmung im Bau der einzelnen geotektonischen Stockwerke auf den alten Tafeln konnten geklärt werden. Innerhalb der letzteren ergab sich eine strukturelle Rayonierung mit Ausscheidung von Scheiteln, Senken und Strukturen anderer Ordnung, deren Bildungsbesonderheiten, speziell der für die Erdöl- und Erdgasakkumulation günstigen Zonen, feststellbar wurden. Auch konnten die erforderlichen Angaben über die physikalischen Eigenschaften der Gesteine erhalten werden. Dadurch ergab sich die Möglichkeit, die geophysikalischen Unterlagen mit größerer Sicherheit zu interpretieren. Auf diese Weise führten die durch das Basisbohren gewonnenen Daten zu erheblichen Korrekturen in den tektonischen Karten der UdSSR und den tektonischen Schemata der einzelnen Regionen.

Auf der Russischen Tafel gab das Basisbohren im Komplex mit anderen Untersuchungsmethoden die Möglichkeit, in relativ kurzer Frist die Gesamtzüge der Oberfläche des kristallinen Fundaments zu klären, ihre erhebliche Gliederung festzustellen und früher unbekannte begrabene Gewölbe — Kotelnitsch, Tokmowsk, Shiguli-Pugatschow—, die im Strukturplan der oberpaläozoischen und mesozoischen Schichten nicht vollständig zum Ausdruck kommen, zu entdecken. Im Fundament wurden die weite Verbreitung von Brüchen festgestellt und Strukturen neuen Typs — die Aulakogene — nachgewiesen. Diese stellen verdeckte grabenartige Senken dar, über denen später junge Hebungszonen entstanden — so das Aulakogen von Patschelma mit den Dislokationen von Keren-Tschembar, das Aulakogen von Kirowo-Kashim mit dem Wall von Wjatka und das Aulakogen von Abdulino mit den Hebungen von Bolschekinel. Die Entdeckung dieser großen, mit mächtigen prädevonischen Bildungen ausgefüllten begrabenen Strukturen erleichterte den Nachweis der Disharmonie des Strukturplans und des Auftretens mehrerer selbständiger tektonischer Stockwerke in der Tafelhülle. Sie verdeutlichen den gerichteten Charakter der tektonischen Entwicklung des Fundaments im Verlauf der kaledonischen, herzynischen und alpidischen Tektogenese. Diese Entdeckungen führten zur Herausbildung eines neuen Zweiges der Geotektonik — der Paläotektonik. Sie bekundeten den komplizierten Charakter der Ererbtheit von Strukturelementen der Tafeln und zwangen zu einer Revision der Ansichten über die Isoliertheit der alten Tafeln vom tektonischen Geschehen in den Faltengebieten. Die Bedeutung dieser Erkenntnisse ist auch in praktischer Hinsicht groß: Sie rückten die Suche nach Erdöl-Erdgas-Akkumulationszonen auf den Abdachungen der begrabenen Scheitel in den Vordergrund und gaben die Möglichkeit, eine Reihe früher wenig untersuchter Gebiete für die Erdöl-Erdgas-Führung als perspektivisch zu bezeichnen, sie erweiterten ferner das Intervall der möglichen Produktivität der Sedimentgesteine der Russischen Tafel um die prädevonischen Bildungen.

Im südlichen Teil der Russischen Tafel konnte durch Basisbohrungen nachgewiesen werden, daß die Pripjetsenke von der Dnepr—Donez-Senke durch den Vorsprung von Tschernigow—Bragin getrennt wird. Am wolhynisch-podolischen Rand der Tafel wurde die Ausbildung mächtiger paläozoischer und proterozoischer Schichten festgestellt. Außerdem gelang es, die südliche Grenze der Russischen Tafel zu präzisieren und ihre Fugenverbindung mit der epiherzynischen Tafel zu ermitteln.

Auf der Skythischen (Kaukasusvorland-) Tafel wiesen Basisbohrungen das begrabene Gewölbe von Stawropol nach. Innerhalb der durch diese Struktur getrennten Teile der Tafel wurde ein komplizierter Bau des gefalteten Fundaments mit einer Reihe begrabener Vorsprünge, Hebungs- und Senkungszonen erkannt. Diese Daten trugen dazu bei, daß sich die Sucharbeiten auf Erdöl und Erdgas von den alten Bohrfeldern nach N, in die Bereiche der Kaukasusvorlandebene, bewegten, wo große Erdgaslagerstätten (das Gewölbe von Stawropol und die Hebungszone von Jejsk—Beresan) und Erdöllagerstätten (die Hebungszone von Oseksuat) entdeckt wurden.

Die Materialien der Basisbohrungen gestatteten auch, die Daten der regionalen Hydrogeologie und Geochemie wesentlich zu präzisieren. Sie wurden ferner bei der Begründung der Rayonierung der Sowjetunion nach dem Grad seiner Erdöl- und Erdgasperspektivität verwendet. Auf der Grundlage dieser Materialien konnte erstmals eine beweiskräftige Karte über die Verteilung der prognostischen Erdöl- und Erdgasvorräte im Lande angefertigt werden. Das wichtigste Ergebnis der Basisbohrungen war im Komplex der regionalen geologischen, geophysikalischen Such- und Erkundungsarbeiten auf Erdöl und Erdgas die zuverlässige Begründung der prognostischen Erdöl- und Erdgasvorräte, die sich im letzten Jahrzehnt für die UdSSR um das Fünffache erhöhten.

Nach den Angaben der im Komplex der regionalen Untersuchungen auf Erdöl und Erdgas durchgeführten Basisbohrungen wurden die aussichtsreichsten Zonen der Erdöl- und Erdgasakkumulation ermittelt und neue reiche erdöl- und erdgasführende Provinzen in West- und Ostsibirien, Mittelasien, Kasachstan, Belorußland und dem Baltikum entdeckt. Besonders zu erwähnen ist hier die Entdeckung der Erdöl- und Erdgaslagerstätten Beresowka, Tasowskoje (Westsibirien) und Markowo (Ostsibirien). Wesentliche Anzeichen einer Erdöl- und Erdgasführung, bisweilen auch industrielle Zuflüsse, wurden im Profil vieler anderer Basisbohrungen erhalten.

Diese kurze Aufzählung der Ergebnisse des Basisbohrens in der UdSSR zeugt von der hohen geologischen Effektivität dieser Methode bei Generaluntersuchungen. In der letzten Zeit hat ihr jährlicher Gesamtumfang auf etwa 100000 m zugenommen. Der Bedarf an dieser Art der regionalen Untersuchungen steht mit der Notwendigkeit der allseitigen Untersuchung des geologischen Profils von Sedimentationsbecken in Zusammenhang. Eine Untersuchung Schicht für Schicht, wie sie beim Niederbringen und bei der Bearbeitung der Materialien von Basisbohrungen ermöglicht wird, kann über den Typ des Profils sedimentärer Folgen, über Stratigraphie, über lithologisch-fazielle Zusammensetzung, über mögliche produktive Horizonte und die Hydrogeologie des Gebiets eine vollständige Information liefern.

Das Niederbringen von Basisbohrungen ist auch die wichtigste Methode zur Erweiterung der Erkenntnis wenig untersuchter Regionen und der nicht durch sonstige Bohrungen untersuchten unteren Schichten von sedimentären Folgen in Gebieten mit einer entwickelten Erdöl- und Erdgasförderindustrie. Die Forderung nach Lösung dieser Aufgabe wird gegenwärtig immer vernehmlicher, der Bedarf am Niederbringen übertiefer Bohrungen immer dringlicher.

In der UdSSR gibt es schon bedeutende Erfahrungen mit übertiefen Bohrungen. In verschiedenen Gebieten der Sowjetunion wurden oder werden solche mit Teufen von über 5 km niedergebracht. Im Nordkaukasus zählt man bis zehn derartige Bohrungen (die Bohrung Medwedowka 2 erreichte eine Teufe von 6320 m). Im Wolgagebiet bei Wolgograd gibt es acht übertiefe Bohrungen. In Aserbaidshan, auf der Halbinsel Apscheron, wird die Bohrung Schachowa Kossa mit einer projektierten Teufe von 7000 m niedergebracht. In der Dnepr—Donez-Senke und in der Karpatenrandvortiefe wurde mit dem Abteufen der übertiefen Bohrungen Solochowskaja 51 und Sinewidnoje begonnen. Die tiefste Basisbohrung in der UdSSR, die Bohrung Aralsor SG-1 in der Kaspischen Senke, erreichte eine Endteufe von 6806 m. Hier ist auch die andere übertiefe Bohrung, Biikshal SG-2, bis zu einer Teufe von 7000 m projektiert, angesetzt.

Das Abteufen übertiefer Bohrungen erbrachte außerordentlich wertvolle Informationen über den Bau und die Erdöl- und Erdgasführung der tiefsten tektonischen Depressionen. So wurde im Nordkaukasus die Bohrung Temirgojewskaja 7 bei über 5400 m Teufe in oberjurassischen Schichten industriell erdgasfündig. Im Wolgagebiet, bei Wolgograd, traf die Bohrung Schtscherbakowskaja 2 in devonischen Gesteinen bei 5340 m Teufe ein Erdöllager an, während durch die Bohrung Ustj-Pogoshskaja bei 5240 m Erdölanzeichen nachgewiesen werden konnten. In der Bohrung Aralsor SG-1 wurde in Flankenlagern des oberen Perms zwischen 6020 und 6037 m eine Schicht gefunden, die nach den Daten bohrlochgeophysikalischer Messungen als möglicherweise produktiv interpretiert wird.

Beachtung verdienen die Erfahrungen mit übertiefen Bohrungen im Ausland, besonders in den USA, in denen 1968 406 und 1969 389 Sonden mit Teufen von 4570 m und mehr abgeteuft wurden. Die Zunahme ihrer Anzahl hat ihren Grund in der hohen Produktivität der tiefliegenden Lager, der guten Qualität des Erdöls und Erdgases und den erheblichen Prozentsätzen an produktiven Bohrungen. Jedoch geht mit der weiteren Zunahme der Tiefen die Möglichkeit der Auffindung von Erdöllagern zurück. Theoretische Überlegungen lassen darauf schließen, daß bei Temperaturen über 150 bis 175 °C Erdöllager infolge Destruktion des Erdöls und Bildung von Gaskondensat und Methan nicht existieren können. Die Verbreitung des Erdgases dagegen unterliegt in der Tiefe keinen Temperaturbeschränkungen. In den USA konnten im Becken des Delaware River 14 Erdgas- und Gaskondensatlagerstätten mit Gesamtvorräten von 596 Mrd. m^3 entdeckt werden, die in Teufen von 4475 bis 6892 m liegen. In der Mexikanischen Senke wurde der tiefste produktive Horizont in Westtexas, der Gaskondensat enthält, in einer Teufe von 6632 bis 6642 m erbohrt. In Südlouisiana befindet sich die tiefste produktive Erdölbohrung, die aus dem Intervall zwischen 6262 und 6279 m Erdöl in einer Menge von 58,2 m^3/d erbringt. Die Erdgas- und die Gaskondensatlagerstätten in großen Tiefen sind häufig durch sehr hohe Lagerstättendrücke gekennzeichnet, die nicht selten höher als 700 bis 1000 kg/cm² sind. Infolgedessen haben Sonden, die Tiefenlager erschließen, eine außerordentlich hohe Förderrate (bis 5 bis 10 Mill. m^3/d).

Experimentelle Untersuchungen besagen, daß in 7 bis 10 km Tiefe die Gesteine Speichereigenschaften haben müssen, die für die Bildung von Erdöl- und Erdgaslagerstätten ausreichend sind.

Es ist offensichtlich, daß die industrielle Förderung aus tiefliegenden Erdöl- und Erdgaslagern zweckmäßig ist. In Zukunft werden mit zunehmender Erschöpfung der produktiven Horizonte in oberen Teilen der Erdkruste die tiefen Lager eine ständig bedeutungsvollere Rolle spielen. In diesem Zusammenhang ist es sinnvoll, die Objekte für das Aufsuchen tiefliegender Lager auf dem Territorium der UdSSR zu skizzieren und die geologischen Aufgaben zu definieren, die mit Hilfe übertiefer Bohrungen gelöst werden müssen. Solche Objekte können sein: 1) die größten und tiefsten Depressionen auf alten und jungen Tafeln; 2) Randsenken; 3) intramontane Senken.

In erster Linie kommen hierfür solche Regionen auf dem Territorium der UdSSR in Betracht wie die Kaspisenke und ihre äußere Randzone, die Dnepr—Donez-Senke, die Karpatenvorsenke, die Ter—Kaspi- und die Indol—Kuban-Randsenke, die afghanisch—tadshikische intramontane Senke sowie das erdöl- und erdgasführende Gebiet von Apscheron. In jeder dieser Regionen besteht bereits eine gutentwickelte erdöl- und erdgasfördernde Industrie. Die Erschließung der Tiefenhorizonte ist hier eine Aufgabe für die nächste Zukunft.

In der Kaspisenke handelt es sich bei Basisbohrungen vor allem darum, den Bau und die Erdöl-Erdgas-Führung der unteren (oberpermischen) Horizonte des über dem Salinar liegenden Komplexes und hauptsächlich subsalinarer paläozoischer Gesteine zu untersuchen, deren Hangendes in den inneren Gebieten der Senke in Teufen von 10 bis 11 km abtaucht.

In der Dnepr—Donez-Senke müssen Basisbohrungen zum Nachweis der Erdöl-Erdgas-Führung des Devons beitragen, dessen Hangendes sich auf einem Viertel der von Devon-Sedimenten eingenommenen Fläche in einer Teufe von 6 km befindet; auf dem übrigen Territorium tauchen diese Gesteine in noch erheblichere Teufen ab.

Die Aufgabe in der Karpatenvorsenke besteht darin, ein Anwachsen der Erdöl- und Erdgasressourcen auf Kosten der paläogenen und kretazischen Schichten zu erreichen, die unter den Skibow-Karpaten liegen. Hier müßten in erster Linie das Vorhandensein und die Aussichten der Erdöl- und Erdgasführung in den tiefer liegenden Falten des dritten strukturtektonischen Stockwerks geklärt werden.

Innerhalb der Indol—Kuban- und der Ter—Kaspi-Senke wird das übertiefe Bohren dazu beitragen, die in Teufen von über 5 km liegenden, sehr aussichtsreichen Schichten des Mesozoikums zu erschließen. Am interessantesten in dieser Hinsicht ist die afghanisch-tadshikische Depression, der man bedeutende Perspektiven der Erdöl- und Erdgasführung mit tiefabgesunkenen subsalinaren Sedimenten des Mesozoikums einräumt.

Besondere Bedeutung haben Basisbohrungen auch innerhalb des erdöl- und erdgasführenden Gebiets von Apscheron, da Bohrungen mit einer Endteufe von 5 km hier nicht einmal die pliozäne produktive Folge durchsinken. Die alten Erdölfelder dieses Gebiets können eine Wiedergeburt erleben, wenn in über 5 km Teufe Erdöl- und Erdgaslager in Gesteinen des Miozäns, Paläogens und Mesozoikums nachgewiesen werden.

Die Entwicklung der geologischen Erkundungsarbeiten auf Erdöl und Erdgas fordert immer dringlicher die Nutzung übertiefer Bohrungen, zumal in Gebieten mit entwickelter erdöl- und erdgasfördernder Industrie, in denen die Möglichkeiten großer Entdeckungen in den höheren Horizonten praktisch erschöpft sind. Das Niederbringen von übertiefen Basisbohrungen wird gestatten, neue Gesetzmäßigkeiten des Tiefenbaus des sowjetischen Territoriums zu erkennen und die Erdöl- und Erdgasvorräte bedeutend zu erhöhen.

Das vom Fünfjahrplan 1971 bis 1975 vorgesehene neue stürmische Wachstum der Erdöl- und Erdgasindustrie wird die Ermittlung der aussichtsreichsten Erdöl- und Erdgasakkumulationszonen und die Entdeckung neuer reicher erdöl- und erdgasführender Provinzen fördern.

Literatur

LINDTROP, N. T.: Voraussetzungen für das Aufsuchen von Öl und Gas in großen Teufen. — M., WIEMS (1969).

WASSILJEW, Ju. M., G. Je. RJABUCHIN & M. M. TSCHARYGIN: Die geologischen Aufgaben des übertiefen Bohrens auf Erdöl und Erdgas in der UdSSR. In: Sammelbd.: Materialy nautschno-technischeskogo soweta po glubokomu bureniju. — Wyp. 8. M., Verl. Nedra (1966).

Die anthropogen-geodynamischen Prozesse aus der Sicht der Geotechnik

FRITZ REUTER, Freiberg (Sa.)

1. Einleitung

Als Folge der sich in den letzten Jahrzehnten vollziehenden wissenschaftlich-technischen Revolution zeichnet sich im geotechnischen Schrifttum des letzten Jahrzehnts immer deutlicher ein Arbeitsgegenstand ab, dessen Grundlagen in der dynamischen Geologie behandelt werden und der in der quantifizierten Form im Rahmen der geodynamischen Prozesse bei der Geotechnik untersucht und erforscht wird. Dieser Arbeitsgegenstand ist das Thema vieler Literaturarbeiten, z. B. wenn über $\pm$ ungleichmäßig verlaufende Setzungen infolge der Belastung des Baugrunds mit Bauwerken berichtet wird oder es sich um durch Eingriffe in den obersten Teil der Erdkruste ausgelöste Rutschungen oder Bergbausenkungen handelt; dieses Phänomen, die sogenannten anthropogen-geodynamischen Prozesse, ist also nicht neu und stellt uns auch nicht vor grundsätzlich neue Aufgaben. Es sollte deshalb nicht nach neuen Wortschöpfungen gesucht werden, die das Phänomen charakterisieren sowie eine neue Arbeitsrichtung bezeichnen sollen. Es gibt in diesem Zusammenhang in der Literatur leider schon zu viele davon.

Wir möchten hier unter Anlehnung an die von KOTLOW (1970) entwickelten Vorstellungen den Begriff „anthropogene geodynamische Prozesse" für die Bezeichnung des Arbeitsgegenstandes deshalb vorziehen, da er z. B. entgegen einem in der letzten Zeit häufiger gebrauchten Begriff wie „ingenieurgeologische Prozesse", der recht willkürlich gewählt scheint und keine Beziehung zur Genese zeigt, den Prozeß sowohl hinsichtlich seiner genetischen Stellung im Gesamtsystem der geologischen Prozesse charakterisiert als auch den Einfluß des Menschen in seiner möglichen Vielfalt zum Ausdruck bringt.

Viele Aufsätze des letzten Jahrzehnts bemühen sich darum, das vorliegende Material zu sichten, zu ordnen und zu verallgemeinern.

2. Begriffserklärungen

Ehe auf den Arbeitsgegenstand im Detail eingegangen wird, sollen zunächst die Ausgangspositionen geklärt werden. Die Position der anthropogen-geodynamischen Prozesse ist durch folgendes Schema gegeben:

geodynamische Prozesse

endogen | exogen | anthropogen

Eingang des Manuskripts in der Redaktion: 14. 7. 1971.

Unter geodynamischen Prozessen versteht man in der Geotechnik solche Veränderungen im oberen Teil der Erdkruste, die während der Nutzung eines Geländes oder Bauwerkes zu nennenswerten Verformungen bzw. Schäden führen. Die Definition beinhaltet zwei unbestimmte Aspekte, nämlich die Zeit und die Größe der Verformung; „während der Nutzung" ist durch die geplante Nutzungsdauer vorgegeben und ein ökonomischer Aspekt; die „nennenswerten Verformungen" werden durch die Konstruktionsart bestimmt und als zulässige ungleichmäßige Setzung, zulässige Neigung pro Längeneinheit usw. festgelegt. Es ist daraus zu ersehen, daß die Nutzungsdauer und die zulässige Verformung nicht absolute Werte darstellen, sondern in Abhängigkeit vom Zweck des Bauvorhabens und seiner Ökonomie im Zusammenhang mit der Untergrunderkundung bzw. der Projektierung einer Baumaßnahme jeweils neu erörtert werden müssen.

Endogen werden solche geologischen Prozesse genannt, deren Ursache auf Kräfte zurückzuführen sind, die ihren Sitz im Erdinnern haben. Von geotechnischem Interesse sind Erdbeben, Magmatismus und die Tektonik. Von nennenswerter Bedeutung sind in der DDR wahrscheinlich nur neotektonische Vorgänge.

Exogene Prozesse werden durch Kräfte ausgelöst, die von außen auf die Erdkruste mit physikalisch und chemisch wirkenden Agenzien wie Luft und Wasser sowie deren Inhaltsstoffen einwirken. Zu den exogenen Prozessen gehören Verwitterung, Erosion, Karst, Suffosion und Massenverlagerungen, die Teil des Kreislaufs Verwitterung—Abtragung—Ablagerung sind.

Anthropogene geodynamische Prozesse sind solche exogenen (oder endogenen) Vorgänge, die durch den Menschen bei der Nutzung der Erdkruste intensiviert oder verursacht werden; und zwar durch bewußte oder unbewußte

Veränderung der Zusammensetzung der Gesteine,
Veränderung des Regimes des unterirdischen Wassers,
Veränderung des Spannungszustands des Gebirges,
Veränderungen in der Biosphäre sowie
Veränderungen zur Verbesserung von Bauraum und Baugrund,

und haben

Auflockerungen, Verdichtungen, Verfestigungen, Sedimentneubildungen, Überflutungen oder (und) Massenverlagerungen

zur Folge.

Prinzipiell gehören hierher auch solche Vorgänge, die sich an natürlichen Baumaterialien, z. B. infolge des Einflusses der Rauchgasverwitterung und von Auslaugungen, ereignen. Da wir hier nur die Prozesse im festen Bereich des oberen Teiles der Erdkruste betrachten wollen, lassen wir die Veränderungen an Baustoffen und auch die Beeinflussung der Atmosphäre an diesen außer Betracht.

Zwischen allen genannten Prozessen und Eingriffen sowie den daraus resultierenden Folgen gibt es Übergänge. Zum Beispiel bilden die auf das Freiwerden von tektonischen Restspannungen beruhenden Vorgänge der Bergzerreißung bzw. des Talzuschubs den Übergang zwischen endogenen und exogenen Prozessen. Übergänge zwischen exogenen und anthropogen bedingten Vorgängen sind vielfältig und in unserem dichtbesiedelten Lebensraum meistens bei allen „natürlichen" Prozessen vorhanden. Sehr unübersichtlich können die Anteile bzw. die Übergänge bei den Massenverlagerungen und bei der Verkarstung werden.

Als **Prozeß** bezeichnen wir den gesetzmäßig verlaufenden natürlichen oder anthropogen bedingten Vorgang vom Augenblick seiner Entwicklung an und während des ganzen Geschehens bis zur Konsolidierung. Das Ergebnis des Prozesses, d. h. „die äußere Form", ist die **Erscheinung**. In diesem Sinne sind beide Kategorien nicht losgelöst voneinander zu betrachten, sondern bilden eine Einheit. Die Verbindung ist dadurch gegeben, daß die Bezeichnungen jeweils Stadien für die Überführung des unter den herrschenden Bedingungen instabil gewordenen Materials bzw. Zustands in den unter den neuen Bedingungen stabilen Zustand darstellen.

3. Anthropogen-geodynamische Prozesse

Zunächst wollen wir uns einen Überblick darüber verschaffen, was wir unter den anthropogenen Prozessen und Erscheinungen im Sinne einer Veränderung des Regimes des vom Menschen unter den verschiedensten Bedingungen genutzten oberen Teiles der Erdkruste zu verstehen haben und welche Bedeutung diese für unsere engere Heimat haben. Die dabei benutzte Ordnung des Arbeitsgegenstands zum Zwecke einer Klassifizierung kann von verschiedenen Gesichtspunkten ausgehen,

z. B. von der Form, wie diese Prozesse auf den Menschen einwirken;
von der Bedeutung, die sie in den einzelnen Bereichen der Volkswirtschaft haben, oder
unter Berücksichtigung der dabei auftretenden physikalischen oder chemischen Gesetzmäßigkeiten bzw. Veränderungen, wofür wir uns hier entscheiden wollen.

Diese Ordnung der anthropogenen Prozesse hat den Vorteil, daß eine Quantifizierung (Beschreibung mittels Kennzahlen, Prognostizierung) und außerdem ein Vergleich mit den teilweise recht gut erforschten natürlichen Prozessen besser möglich sind.

Die geodynamischen Prozesse (oft allgemein als geologische Prozesse bezeichnet) existieren grundsätzlich unabhängig von der Tätigkeit der menschlichen Gesellschaft als Überführung des jeweiligen Zustands der Erdoberfläche bzw. des obersten Teiles der Erdkruste vom instabil gewordenen in den stabilen Zustand auf der Grundlage der absolut herrschenden Naturgesetze. Auf dieses einfache Prinzip sind letztlich alle geologischen Vorgänge zurückzuführen. Der anthropogen wirkende Faktor ist oft Teil der exogenen Geodynamik. Wir sind dann berechtigt, den anthropogenen Anteil gleichwertig neben den exogen (und endogen) wirkenden Anteil zu stellen, wenn das „Agenz Mensch" (vergl. Legget 1968) zum entscheidenden Faktor bei der Umgestaltung seines Lebensraumes (bzw. des geologischen Milieus i. S. von Sidorenko 1968) wird und dadurch Wirkungen erzielt werden, die die der natürlichen Prozesse übertreffen und oft um das Mehrfache übersteigen können. Es gibt hierfür verschiedene Beispiele, die schon heute einen großen Teil der Arbeit der Ingenieurgeologie ausmachen.

Zum Beispiel erfolgt eine Intensivierung des Verkarstungsprozesses in den Salz- und Gipskarstgebieten um das Mehrfache gegenüber dem natürlichen Vorgang durch Solegewinnung (z. B. in Wieliczka/VR Polen) oder durch die Wasserhaltung des Bergbaus (z. B. Mansfelder Mulde/DDR);
können durch die Anlage von großen Speicherbauten Erdbeben ausgelöst werden;
wird durch die Gewinnung von flüssigen Rohstoffen (Wasser und Erdöl) die Erdoberfläche bis 8 m an verschiedenen Stellen abgesenkt;
treten die Frost- und Tauschäden auf unseren Straßen überhaupt erst in Erscheinung, wenn eine entsprechende Verkehrsbelastung vorhanden ist.

Diese Faktoren stehen in gewisser Wechselbeziehung zueinander. Es ist festzustellen, daß das Produkt aus der Frequenz des Einflusses und der Größe der Kräfte ständig im Wachsen begriffen ist; dies bedeutet, daß die Umgestaltung der natürlichen Gegebenheiten einen immer größeren Umfang annehmen wird, wenn diesem Umstand nicht Rechnung getragen werden würde. Man kann feststellen, daß die anthropogenen Prozesse und Erscheinungen ganz entschieden an Bedeutung gewonnen haben und weiter an Bedeutung gewinnen werden.

Grundsätzlich muß festgestellt werden, daß beim derzeitigen Entwicklungsstand unseres Wissensgebietes eine Trennung des natürlichen vom anthropogenen Einfluß beim geologischen Prozeß auch für den Fachmann oft sehr schwerfällt. Dies wird deutlich, wenn man den Verkarstungsprozeß in unseren Salz- und Gipskarstgebieten diesbezüglich einmal etwas eingehender betrachtet. Die auf dem Territorium der DDR gelegenen alten und neuen Schadensgebiete lassen, soweit im Sinne der gegebenen Definition nennenswerte Schäden zu verzeichnen waren, fast in allen Fällen eine Beziehung zur menschlichen Tätigkeit erkennen (z. B. am Gipsstock Sperenberg: Senkungen von > 1 m — Wasserhaltung im Gipssteinbruch; in Staßfurt: Senkungen von mehreren m — Bergbau; in der Mansfelder Mulde: Senkungen im Mittel von $> 2{,}0$ m seit dem Jahre 1880 — Bergbau; in Bad Frankenhausen: viele Erdfälle — Solegewinnung; an vielen anderen Stellen: Erdfälle — unkontrollierte Entwässerungen und Schäden an Wasserleitungen). Ähnlich sieht es bei vielen anderen Prozessen aus, die in dichtbesiedelten Territorien auftreten.

Veränderung der Zusammensetzung und der Struktur der Gesteine

Im Rahmen der landwirtschaftlichen Bodenbearbeitung und des Erdbaus sowie bei der sonstigen Nutzung von Teilen der Erdkruste kommt es zu Änderungen der mineralischen Zusammensetzung der Gesteine (bzw. des Bodens) und (oder) damit zur Änderung der physikalischen Eigenschaften des Untergrundes. Soweit dies unkontrolliert geschieht, bestehen die unmittelbaren Folgen und die dadurch ausgelösten sekundären Prozesse bzw. Erscheinungen in großen Einbußen an Volksvermögen; erhebliche Aufwendungen sind für Sanierungsarbeiten oft erforderlich. In dieser Gruppe treten z. B. nachfolgende Erscheinungen und Ergebnisse auf:

Tätigkeit	Prozeß	Folgen	Schäden
verschieden	Suffosion, physikalisch	Senkungen, Einbrüche	ungleichmäßige Setzungen
	Suffosion, chemisch	Senkungen, Einbrüche	
Bewässerung	Verwitterung u. Verdunstung in ariden Gebieten	Versalzung des Bodens	Degradierung des Bodens
landwirtschaftl. Bearbeitung des Bodens	Deflation	Abtragung des Bodens	Enthumifizierung

Veränderung des Regimes des unterirdischen Wassers

Die Beeinflussung der Grundwasserverhältnisse führt zu primären und sekundären Erscheinungen, die erhebliche Schäden zur Folge haben und auch den Charakter ganzer Landschaften ändern können. So führt z. B. SIDORENKO (1968) an, daß die an sich zunächst positiv zu bewertende Maßnahme der Bewässerung von Wüsten und Halbwüsten zur Intensivierung der Viehzucht führte, was allerdings infolge der vermehrten Weidetägigkeit eine erhöhte Deflation zur Folge hatte. Dieses Beispiel zeigt, daß bei jeder Maßnahme eine Prognose der sich ergebenden Probleme unabdingbar ist. Dies ist kein Problem, das allein vom Geotechniker oder Geologen gelöst werden kann, sondern die Mitarbeit aller an der Maßnahme direkt oder indirekt beteiligten Interessenten ist erforderlich.

Tätigkeit	Prozeß	Folgen	Schäden
Grundwasserabsenkung (Wasserhaltung, Grundwassergewinnung)	Senkung der Erdoberfläche, mechanische Suffosion	Verdichtung des Untergrundes, Senkungen, Einbrüche	Austrocknung verschieden
Wasserspeicherung	Auftrieb		Versumpfung, Aufquellen von Gesteinen
Bewässerung	Verwitterung u. Verdunstung in ariden Gebieten	Versalzung	Degradierung

Eine große Bedeutung haben Wasserhaltungen für den Bergbau, wo sie einmal für die Durchführung der technischen Arbeiten unerläßlich sind, andererseits aber auch zu Wasser- und Schwimmsandeinbrüchen führen können und auch natürliche Prozesse, wie die Suffosion und die Verkarstung, beleben oder in Gang setzen können. Erhebliche Absenkungen der Erdoberfläche werden auch durch die Förderung von Wasser, Erdöl und Erdgas hervorgerufen.

Veränderung des Spannungszustands des Gebirges

Hierunter fallen alle durch das Bauwesen und den Bergbau ausgelösten Vorgänge, die infolge des Aufbringens von Lasten oder infolge von Entlastungen im Bereich des genutzten Teiles der Erdkruste auftreten. Eine weitere Klassifizierung derartiger Erscheinungen kann sowohl nach dem Bereich ihres Auftretens (da den einzelnen Zweigen des Bauwesens z. B. jeweils ihnen eigentümliche Belastungsarten entsprechen) als auch nach der Art des Lastfalls erfolgen. Die meisten dieser Prozesse sind den Bauingenieuren und den Bergleuten bekannt, z. B. als Setzung, Senkung u. ä. m.

Tätigkeit	Prozeß	Folgen	Schäden
Belastung statisch	Setzung, Verdichtung	Erhöhung der Tragfähigkeit	ungleichmäßige Setzungen
	Massenverlagerungen	Rutschungen	ungleichmäßige Setzungen
dynamisch	Setzungen	Verdichtung	ungleichmäßige Setzungen
	Verlagerungen von Körnern, Massenverlagerungen	Rutschungen	ungleichmäßige Setzungen
Entlastung	Senkungen		Senkungsmulden Einbrüche
	Gesteinsausbrüche Entspannungen		Bergschäden

Prozesse, die durch Änderungen in der Biosphäre ausgelöst werden

In dieser Gruppe sind alle die Vorgänge zusammenzufassen, die infolge der menschlichen Tätigkeit in verschiedenen Teilsphären der Erdkruste wirksam werden, soweit sie nicht durch die bisher aufgeführten Gruppen erfaßt worden sind. Dies betrifft sowohl den Bereich der oberflächigen Hydrosphäre als auch den Bereich der Pflanzen- und Tierwelt. Gerade der Bedeutung dieses Bereiches entsprechend sind in den letzten Jahren wichtige Gesetze zur Sicherung des geologischen Milieus (Landeskulturgesetz u. a.) in der DDR erlassen worden.

Es gibt enge Beziehungen zur Ingenieurbiologie und den ingenieurbiologischen Bauweisen, die für die Sanierung vieler anthropogen ausgelöster Prozesse große Bedeutung besitzen. Bedenkt man z. B., welche verheerenden Folgen die Abholzung der Adriahänge während des Altertums bis in die heutige Zeit noch hat; es ist bisher nicht gelungen, eine wirksame Aufforstung durchzuführen. Das schutzlos den Atmosphärilien dargebotene Gestein ist den verschiedenen Formen der Erosion und den Schwerkraftwirkungen (Massenverlagerungen) ausgesetzt.

An dieser Stelle muß der irrigen Auffassung vieler Fachgenossen entgegengetreten werden, die der Meinung sind, daß die höhere Pflanzenwelt (Bäume) infolge der Hebelwirkung (ausgelöst durch den Wind und auf die

Gesteine durch die Wurzeln übertragen) zerstörend auf das Gebirge einwirkt. Die Wurzeln haben im wesentlichen zwei Aufgaben: Die eine Aufgabe ist biologisch-physiologischer Natur und dient der Nahrungsaufnahme; die andere ist statischer Natur, d. h., das Dickenwachstum der Wurzeln und die damit auftretende biologische Verwitterungsart „Wurzelsprengung" werden ausgeglichen durch eine Erhöhung der Standsicherheit des Baumes, womit die Erhöhung der Standsicherheit eines Hanges eng verbunden ist. Parallel dazu verläuft eine Aufbereitung des Bodens, die wieder Wachstumsmöglichkeiten für kleinere und niedere Pflanzen bietet, womit ebenfalls eine Stabilisierung verbunden ist; m. a. W., auch dieser Prozeß ist im Sinne der Überführung des instabilen Zustands in den stabilen Zustand der Natur zu sehen.

Die Ausnutzung der natürlichen Kräfte der Pflanzenwelt (z. T. auch der Tierwelt) wird zu einem immer bedeutenderen Faktor des Bauwesens werden, je mehr sich die Technik entwickelt. Dies hat im wesentlichen zwei Gründe:

1. hat der werktätige Mensch ein Recht darauf, in einer Umwelt zu leben, die seinem ästhetischen Empfinden von Schönheit Rechnung trägt und nach dem immer mehr durchgeistigten Arbeitsprozeß eine Reproduktion seiner geistigen und körperlichen Kräfte gestattet (vergl. Abschn. 4.);

2. erfährt die Natur infolge ihrer weiteren Durchdringung mit Hilfe der Technik in zunehmendem Maße eine Umgestaltung, die aus ökonomischen Gründen (und auch im Sinne des Punktes 1.) eine Aktivierung der natürlichen Kräfte zur Verhinderung unübersehbarer „anthropogen-geodynamischer Prozesse" und der Degradierung des menschlichen Milieus erforderlich macht.

Die wichtigsten in diese Gruppe fallenden Erscheinungen sind:

Bereich	Tätigkeit	Prozeß	Folgen	Schäden
Hydrosphäre der Oberfläche	unsachgemäße Wasserhaltungen	Erosion, Abrasion, Massenverlagerungen	Uferveränderungen, Rutschungen	in der Land- u. Forstwirtschaft
		Überflutungen	Versumpfungen	Vermoorung
Biosphäre i. e. S.	Abholzungen	Erosion, Massenverlagerungen	Abtragung, Rutschungen	Oberflächenveränderungen verschiedener Art
		Verwitterung	Auflockerungen	

Gezielte Veränderungen zur Verbesserung von Bauraum und Baugrund

Mit der weiteren Entwicklung des Bauwesens und der Technik kommt es in zunehmendem Maße zu komplizierten und größeren Bauwerken und damit zu höheren Lasteintragungen in den Baugrund. Da auf der einen Seite die günstigen Baugründe und Bauräume schon weitgehend in Anspruch genommen sind, auf der anderen Seite die Eigenschaft „günstig" aber auch wesentlich in Abhängigkeit von dem Gesetz der Ökonomie der Zeit gesehen werden muß, erhält in zunehmendem Maße die sogenannte Untergrundvergütung im Sinne einer Verbesserung der Tragfähigkeit oder einer Abdichtung des Baugrunds und Bauraums große Bedeutung. Obwohl Teile dieser Gruppe prinzipiell auch in den vorhergehenden Abschnitten behandelt werden könnten, sollen diese Veränderungen hier als Einheit betrachtet werden, da sie grundsätzlich zur Herbeiführung eines stabilen Zustands entweder vor (bzw. im Zusammenhang mit) einem technischen Eingriff in den Baugrund oder Bauraum oder im Rahmen von Sanierungsarbeiten angewendet werden. Die Bedeutung dieses Zweiges des Bauwesens liegt auf der Hand, wenn man bedenkt, daß es mit seiner Hilfe möglich ist, für alle Arten des Untergrundes oder Baugrunds, den Gesetzen der Ökonomie folgend, Baumaßnahmen unter Betrachtung des Gesamtsystems der Volkswirtschaft auszuführen.

Unter Berücksichtigung der physikalischen Eigenschaften des Untergrundes stehen heute auf physikalischen oder physikalisch-chemischen Wirkprinzipien beruhende Technologien zur Verfügung, die gestatten, jeweils das optimale Verfahren zur Anwendung zu bringen. Es steht eine große Auswahl von Medien bereit, die unter Berücksichtigung der physikalischen Parameter des Untergrundes und der unterschiedlichen Beanspruchungsarten in den verschiedenen Zweigen des Bauwesens bzw. Bergbaus eingesetzt werden können. Selbstverständlich muß der Einsatz auch unter Berücksichtigung der möglichen geologischen Prozesse erfolgen, wenn eine Schädigung des geologischen Milieus vermieden werden soll.

4. Maßnahmen zum Schutz des geologischen Milieus

In gewissem Sinne stellen alle Normen und Standards, die für die Voruntersuchung, Bemessung und Ausführung von Bau- und Bergbauvorhaben verbindlich sind, direkt oder indirekt Grundlagen zum Schutz des geologischen Milieus dar. Allerdings sind sie fast ausnahmslos einseitig auf die Standsicherheit des Bauobjektes ausgerichtet, und auf Folgeerscheinungen der Baumaßnahmen wird in den bautechnischen Standards und Richtlinien gar nicht oder nur selten Bezug genommen.

So bleibt es in erster Linie der staatlichen Gesetzgebung vorbehalten, diesbezügliche Regelungen zu schaffen. In der DDR ist in dieser Beziehung durch verschiedene Gesetze eine Grundlage geschaffen worden, die einen weitgehenden Schutz des menschlichen Lebensraums gewährleistet. Es ist nicht Aufgabe des Geotechnikers, die einschlägigen Gesetze zu kommentieren; an dieser Stelle soll deshalb nur darauf hingewiesen werden, welche enge Verflechtung zwischen den Aufgaben der Geotechnik und der staatlichen Gesetzgebung besteht.

Auch an dieser Stelle kann der Nachweis nicht durch die umfassende Behandlung des Stoffes erbracht werden, sondern wir müssen uns auf einige charakteristische Beispiele beschränken. Die allgemeine Grundlage für die Sicherung des geologischen Milieus ist im Artikel 15 der Verfassung der DDR gegeben, wonach es Aufgabe jedes Bürgers und damit der Gesellschaft ist,

> die Natur zu schützen,
> den Boden zu schützen und rationell zu nutzen,
> die Gewässer rein zu halten sowie
> die Pflanzen- und Tierwelt und die Landschaft zu schützen.

Die Begründung erfolgt im Landeskulturgesetz damit, daß dies

die natürlichen Reichtümer des Volkes sind,
eine wichtige Grundlage für die Entwicklung der Volkswirtschaft und damit der Befriedigung der materiellen und geistig-kulturellen Bedürfnisse der Werktätigen darstellt,
der Schaffung einer dem ästhetischen Empfinden des sozialistischen Menschen entsprechenden Umwelt dient,
die Gesundheit und Lebensfreude der Bürger fördert,
eine optimale Erholung gewährleistet und so ganz allgemein der Verbesserung der Arbeits- und Lebensbedingungen dient.

Den staatlichen und wirtschaftlichen Organen sowie den Betrieben werden gewisse Auflagen erteilt, nach denen sie verpflichtet sind, Baumaßnahmen (z. B. Trassen, Verkehrs- und andere Anlagen) so zu projektieren, daß sie sich der natürlichen Landschaft optimal einfügen und eine rationelle Flächennutzung gewährleistet ist. Durch wirtschaftlich-technische Eingriffe gestörte Landschaften müssen durch biologische Maßnahmen so wieder hergerichtet werden, daß eine sinnvolle und rationelle gesellschaftliche Nutzung gesichert ist sowie die landeskulturellen und klimatischen Funktionen nicht gestört werden. Dies gilt sinngemäß für den Küstenschutz, den Schutz des landwirtschaftlichen Bodens sowie für den Schutz der Wälder und der Gewässer.

In den Durchführungsverordnungen zum Landeskulturgesetz wird festgelegt, daß außer den staatlichen Organen sowie den Betrieben auch Bürgern, die als Eigentümer oder Nutzungsberechtigte fungieren, Auflagen zum Schutze des geologischen Milieus erteilt werden können. Dies trifft insbesondere im Zusammenhang mit dem Schutz von Hecken, Gehölzen und Baumreihen zwecks Erhaltung landeskultureller und klimatischer Funktionen zu.

Zum Schutz, zur Nutzung und Instandhaltung von Gewässern und Wassergewinnungsanlagen gibt es bereits seit Jahren das sogenannte Wassergesetz, in dem auch Maßnahmen über den Hochwasser- und Küstenschutz festgelegt sind und nach dem den landwirtschaftlichen Räten in den einzelnen Institutionen des staatlichen Verwaltungsapparates „im Interesse der Sicherung der landwirtschaftlichen Produktion zum Schutz des Bodens gegen die abtragende Wirkung des Wassers“ Auflagen erteilt werden können.

Besondere Aufmerksamkeit wird in unserem Staatsgebiet, das bergbaulich in erheblichem Maße erschlossen ist, der Sicherung gegen die Folgen des Bergbaus sowie der Wiederurbarmachung bergbaulich verritzter oder mittelbar beanspruchter Flächen gewidmet. Im Berggesetz und den dazu erlassenen Durchführungsbestimmungen werden Regelungen getroffen, wie und wo Sicherungen auszuführen sind und wer dafür verantwortlich ist. So wird in der ersten Durchführungsbestimmung z. B. festgelegt, daß im Rahmen der Wiederurbarmachung bergbaulich genutzten Geländes Böschungen und Böschungssysteme standsicher herzurichten sind, Plateauflächen und Zwischenbermen planiert werden müssen, Zufahrten und notwendige Hauptwirtschaftswege einzurichten sowie die natürliche Vorflut zu gewährleisten sind.

Erforderlichenfalls müssen kulturfähiger Boden in geeigneter Qualität aufgebracht werden, so daß eine Folgenutzung ermöglicht wird oder, wenn dies nicht möglich ist, entsprechende Bodenverbesserungs- oder Ertragsverbesserungsmaßnahmen durchgeführt werden.

In der Wiederurbarmachungsanordnung wird auf die Nutzung bergbaulich verritzten oder genutzten Gebietes im Detail eingegangen und geregelt, in welchem Maße diese Gebiete z. B. landwirtschaftlich, wasserwirtschaftlich oder u. U. auch als Naherholungszentren genutzt werden sollen. Von Interesse sind die Ausführungen des § 11; wonach die Betriebe gewährleisten müssen, daß das Vorhandensein von Halden die Nutzung der an Halden angrenzenden Bodenflächen infolge von möglichen Erosionen und anderen schädlichen Auswirkungen nicht beeinträchtigt. Im § 12 wird festgelegt, daß die Betriebe für die Regelung der Vorflut und für in diesem Zusammenhang auftretende Schäden verantwortlich sind. Erforderlichenfalls sind erdbautechnische und andere Maßnahmen zur Sicherung geneigter Bodenflächen auszuführen.

Es wurde nur ein kleiner Einblick in die durch Gesetze geregelten Aufgaben zur Sicherung des geologischen Milieus geboten. Bei der sich stetig weiterentwickelnden Intensität der anthropogen beeinflußten geodynamischen und der anthropogenen Prozesse wird es in Zukunft erforderlich sein, entsprechend dem Entwicklungsstand der Technik bzw. der Technologien neue gesetzliche Grundlagen (Richtlinien, Standards, Verordnungen, Gesetze) zu schaffen, die die Gewähr dafür bieten, daß die technischen Systeme stets optimal in Übereinstimmung mit den natürlichen Bedingungen gebracht werden. Nur dies bietet die Gewähr dafür, daß das geologische Milieu optimal durch die Gesellschaft genutzt werden kann, als natürliche Reserve der Volkswirtschaft zur Gewinnung von Rohstoffen, als Arbeits- und Lebensraum für die produktive Tätigkeit des Menschen sowie als Erholungsgebiete für die menschliche Reproduktion.

Zusammenfassung

Es wurde eine allgemeine Übersicht über die Stellung der anthropogenen Prozesse im Gesamtsystem der geodynamischen Prozesse gegeben.

Weiterhin wird versucht, unter Berücksichtigung physikalischer und physikochemischer Gesetzmäßigkeiten und Wirkprinzipien eine Klassifizierung der anthropogenen Prozesse durchzuführen. Für jede Gruppe werden einige charakteristische Beispiele gegeben.

In einem letzten Abschnitt wird auf die enge Verflechtung zwischen anthropogenen geodynamischen Prozessen und den gesellschaftlichen Erfordernissen hingewiesen. Am Beispiel der Gesetzgebung der DDR wird gezeigt, welche Maßnahmen von seiten des Staates zur Sicherung des geologischen Milieus getroffen werden können.

Резюме

Дается общий обзор положения антропогенных процессов во всей системе геодинамических процессов.

Далее автор пытается провести классификацию антропогенных процессов, учитывая физические и физикохимические закономерности и принципы действия. Даются характерные для каждой группы примеры.

В последнем отрезке указывается на тесное переплетение между антропогенными геодинамическими процессами и общественными требованиями. На примере законодательства ГДР показывается, какие мероприятия могут быть проведены со стороны государства для обеспечения и сохранения геологической обстановки.

Summary

The position of anthropogene processes within the total system of geodynamic processes is reviewed from a universal point of view.

An attempt is also made to classify anthropogene processes with respect to physical and physico-chemical regularities and principles of action, with some characteristic examples given for each group.

The last chapter deals with the close connection between anthropogene-geodynamic processes and social requirements. The legislation of the G.D.R. serves as an example to show measures that can be taken on the part of the state with a view to securing the geological environment.

Literatur

KOTLOW, F. V.: Anthropogene geologische Prozesse und Erscheinungen. – Woprosy inshenernoj geologii, 132–139, Moskau 1970 (russ.).
KOTLOW, F. V., J. A. BRASNINA & J. K. SIPJAGINA: Stadt und geologische Prozesse. – Moskau 1967 (russ.).
LEGGET: Man as geological agent. – Vestnik, 43, 4, 241–248 (1968).
REUTER, F.: Hauptprobleme der Ingenieurgeologie in der DDR. – Bergakademie, 22, 4, 198–204, Leipzig 1970.
SIDORENKO, A. W.: Mensch–Technik–Erde. – Z. angew. Geol., 14, 4, 169–176; 5, 226–244, 6, 284–290, Berlin 1968.
TRUSOW, Ju. P.: Auffassungen über die Neosphäre. – Ber. DGGW, Reihe A, 15, 2, 187–206, Berlin 1970.
WISOZKIJ, B. P.: Über die Grundprobleme der Geologie in der Soziosphäre. – Ber. DGGW, Reihe A, 15, 2, 207–218, Berlin 1970.
Gesetz über die planmäßige Gestaltung der sozialistischen Landeskultur in der Deutschen Demokratischen Republik vom 14. Mai 1970 – Landeskulturgesetz. – Ges.-Bl. DDR, Teil I, 12, S. 67–74 (1970).
Erste Durchführungsbestimmung zum Landeskulturgesetz vom 14. Mai 1970 – Schutz und Pflege der Pflanzen- und Tierwelt und der landschaftlichen Schönheiten – (Naturschutzverordnung). – Ges.-Bl. DDR, Teil II, 46, S. 331–336 (1970).
Zweite Durchführungsbestimmung zum Landeskulturgesetz vom 14. Mai 1970. – Erschließung, Pflege und Entwicklung der Landschaft für die Erholung. – Ges.-Bl. DDR, Teil II, 46, S. 336–339 (1970).
Dritte Durchführungsbestimmung zum Landeskulturgesetz vom 14. Mai 1970. – Sauberhaltung der Städte und Gemeinden und Verwertung von Siedlungsabfällen. – Ges.-Bl. DDR, Teil II, 46, S. 339–342 (1970).
Gesetz über den Schutz, die Nutzung und die Instandhaltung der Gewässer und den Schutz vor Hochwassergefahren vom 17. April 1963 – Wassergesetz. – Ges.-Bl. DDR, Teil I, 5, S. 77–86 (1963).
Berggesetz der Deutschen Demokratischen Republik vom 12. Mai 1969. – Ges.-Bl. DDR, Teil I, 5, S. 29–33 (1969).
Erste Durchführungsverordnung zum Berggesetz der Deutschen Demokratischen Republik vom 12. Mai 1969. – Ges.-Bl. DDR, Teil II, 40, S. 257 bis 261 (1969).
Anordnung über die Wiederurbarmachung bergbaulich genutzter Bodenflächen vom 10. April 1970 – Wiederurbarmachungsverordnung. – Ges.-Bl. DDR, Teil II, 38, S. 279–283 (1970).

Die Bedeutung einer modernen Variante des Periodensystems D. I. Mendelejews für die Prognose und Prospektion von Bodenschätzen

W. W. ARISTOW & S. W. TICHOMIROW, UdSSR

„Die MENDELEJEWsche Tabelle sagte in dieser Beziehung bei weitem mehr aus, als wir bisher dachten. In der Prospektionsarbeit ist sie ein echter Kompaß."

A. E. FERSMANN

Die allseits bekannten geochemischen Klassifikationen der Elemente von W. I. WERNADSKIJ (1954), V. M. GOLDSCHMIDT (1938), A. E. FERSMAN (1939) und A. N. SAWARIZKIJ (1949), die von den Geologen für die Begründung von Prognosen und für die Suche nach Bodenschätzen häufig angewandt werden, wurden auf der Grundlage einer wesentlichen Umstellung der am meisten verbreiteten zweiten oder kurzen Variante des Periodensystems von D. I. MENDELEJEW aufgestellt. Diese erlaubt einerseits, die Elemente nach den Bedingungen ihres Auftretens in der Erdrinde zu gruppieren, was eine positive Eigenschaft dieser Klassifikation ist; andererseits zerstört sie die von D. I. MENDELEJEW aufgestellte Systematik der Elemente, was als Mangel betrachtet werden muß. In der weiteren Entwicklung begannen einige Wissenschaftler, für geochemische Zwecke eine allgemeingültige Tabelle D. I. MENDELEJEWS ohne die ergänzenden Veränderungen anzuwenden (die zweite Variante des Systems) (BUSCHINSKIJ 1954, LEBEDEW 1957). Ein solcher Weg erwies sich offensichtlich als überaus erfolgversprechend für die Aufstellung allgemeiner geochemischer Klassifikationen, die zur Lösung der vielgestaltigen Erkundungsarbeiten notwendig sind. B. M. KEDROW schreibt, indem er die zweite Variante des MENDELEJEWschen Systems charakterisiert: „Indem man die unbedingten Analogien in einer Spalte (des Periodensystems, d. Ü.) vereinigt, die relativen Analogien dagegen seitlich davon anordnet, gestattet die kurze Form der MENDELEJEWschen Tabelle, gleichzeitig zwei widersprüchliche Momente in einer Einheit auszudrücken: die Einheitlichkeit und die Unterschiedlichkeit ..." (1947). An die Analyse dieser Variante des Periodensystems gewöhnt sich der Wissenschaftler schon beim Studium der allgemeinen Chemie, was zweifelsohne seine weitere Verwendung für Spezialzwecke erleichtert. Dazu gehören auch die Aufstellungen geochemischer und prognostischer Aufgaben.

Im heutigen Periodensystem von D. I. MENDELEJEW werden die chemischen Elemente nach dem Bau der Elektronenhüllen in vier Familien unterteilt: *s* sind Elemente, bei denen die äußerste Energieschale mit Elektronen voll besetzt ist; *p* sind Elemente, bei denen die äußere Energieschale *p* mit Elektronen voll besetzt ist; *d* sind Elemente, bei denen die innere Energieschale *d* mit Elektronen voll besetzt ist; *f* sind Elemente, bei denen die innere Energieschale *f* mit Elektronen voll besetzt ist. Die prinzipiellen Unterschiede im Bau der Elektronenhüllen und die Reihenfolge ihrer Auffüllung zeigt Abb. 1 für einzelne Elementfamilien.

Die in der Tabelle von MENDELEJEW angeordneten chemischen Elemente, die zu verschiedenen Familien gehören (*s*, *p*, *d* und *f*), spiegeln vor allen Dingen die Periodizität der Veränderung der chemischen Eigenschaften wider, sowohl als Gruppen (in der Vertikalen) als auch als Perioden und Reihen (in der Horizontalen) (Abb. 2). Eine solche Periodizität spiegelt auch die Veränderung der Eigenschaften geochemischer Elementassoziationen wider.

Nach ihrer relativen Beweglichkeit in den geochemischen Prozessen können die chemischen Elemente auf die folgende Weise klassifiziert werden: In der Familie *s* finden sich unter verschiedenen Bedingungen stark bewegliche Elemente (in Lösungen und Schmelzen); Elemente der Familie *p* sind vorzugsweise in Lösungen beweglich; Elemente der Familien *d* und *f* sind in Lösun-

Aus: „Geologija i raswedka", Nr. 11, S. 9–18, Moskau 1970.
Übers.: A. KRÜGER, Berlin.

gen schwach beweglich, aber beweglicher in Schmelzen. Im letztgenannten Falle stellen die Elemente der Nebenuntergruppe der I. und II. Gruppe eine Ausnahme dar, bei denen eine besonders auffallende „Konkurrenz“ der äußeren Energieschale *s* und der inneren Schale *d* bei ihrer vollen Elektronenbesetzung besteht. Durch spezifische Besonderheiten in der relativen Beweglichkeit unter exogenen Bedingungen sind auch die Elemente Mn, Fe, Co, Ni, V, Mo, Re, U und einige Seltene Erden (Eu, Sm) charakterisiert, bei denen ein geringer Oxydationszustand gegenüber der Stabilität besteht.

In natürlichen Prozessen sind die Elemente der Familien am meisten beweglich (*s*, *p*), für die das Vorhandensein von Valenzelektronen auf der äußeren Energieschale typisch ist (Abb. 1). Das Ionisierungspotential dieser Elektronen ist nicht groß, so daß ihre Atome in Verbindungen eintreten, die leichter sind als die Atome der Elemente zweier anderer Familien. Alles das bestimmt die Möglichkeit einer erhöhten Migration der Elemente *s* und *p* sowohl unter endogenen als auch unter exogenen Bedingungen. Die chemischen Elemente der Familien *d* und *f* besitzen in den meisten Fällen dadurch eine geringe

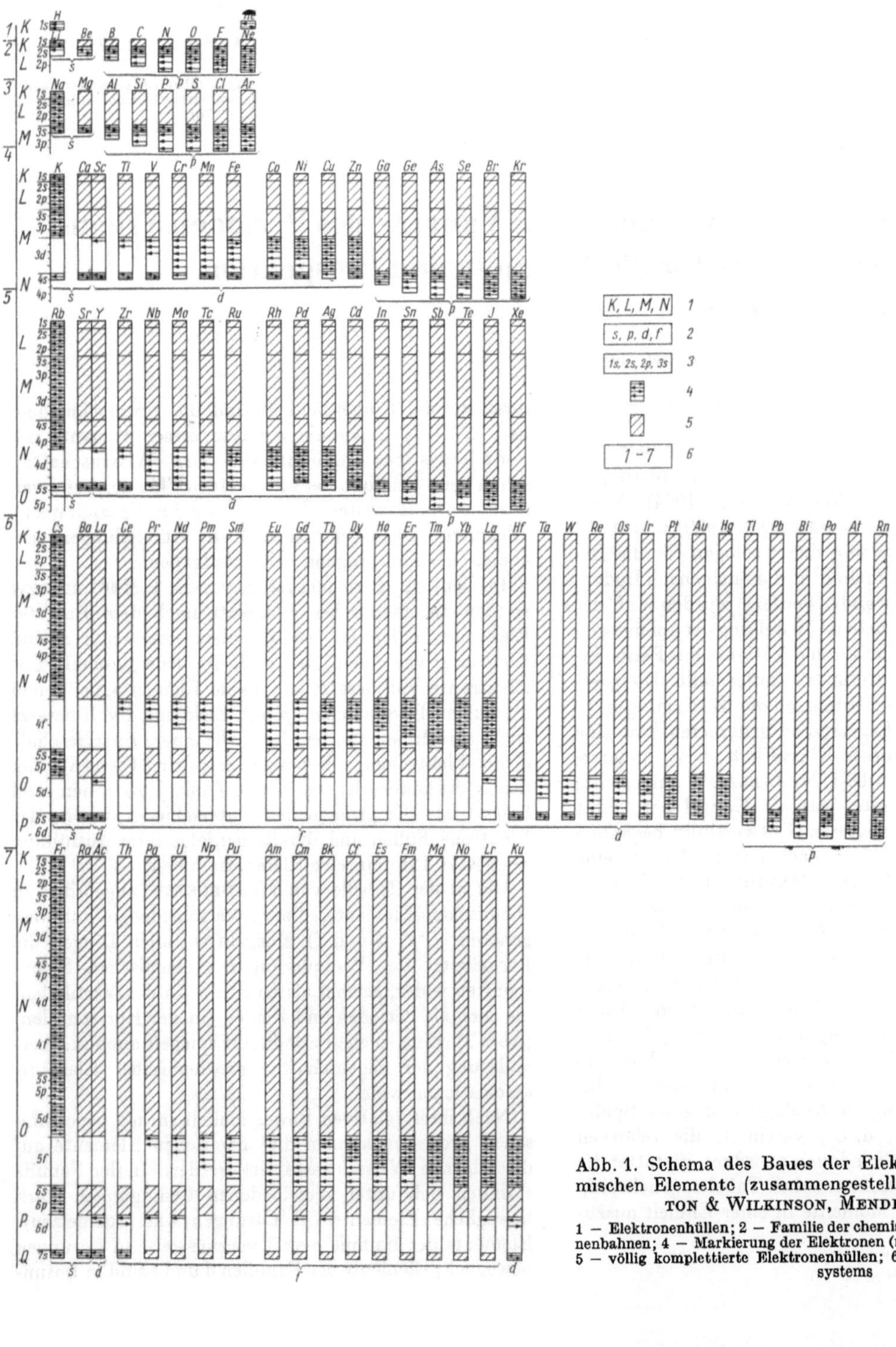

Abb. 1. Schema des Baues der Elektronenschalen der chemischen Elemente (zusammengestellt nach Daten von COTTON & WILKINSON, MENDELEJEW u. a.)

1 – Elektronenhüllen; 2 – Familie der chemischen Elemente; 3 – Elektronenbahnen; 4 – Markierung der Elektronen (mit entgegengesetzten Spins); 5 – völlig komplettierte Elektronenhüllen; 6 – Perioden des Elementensystems

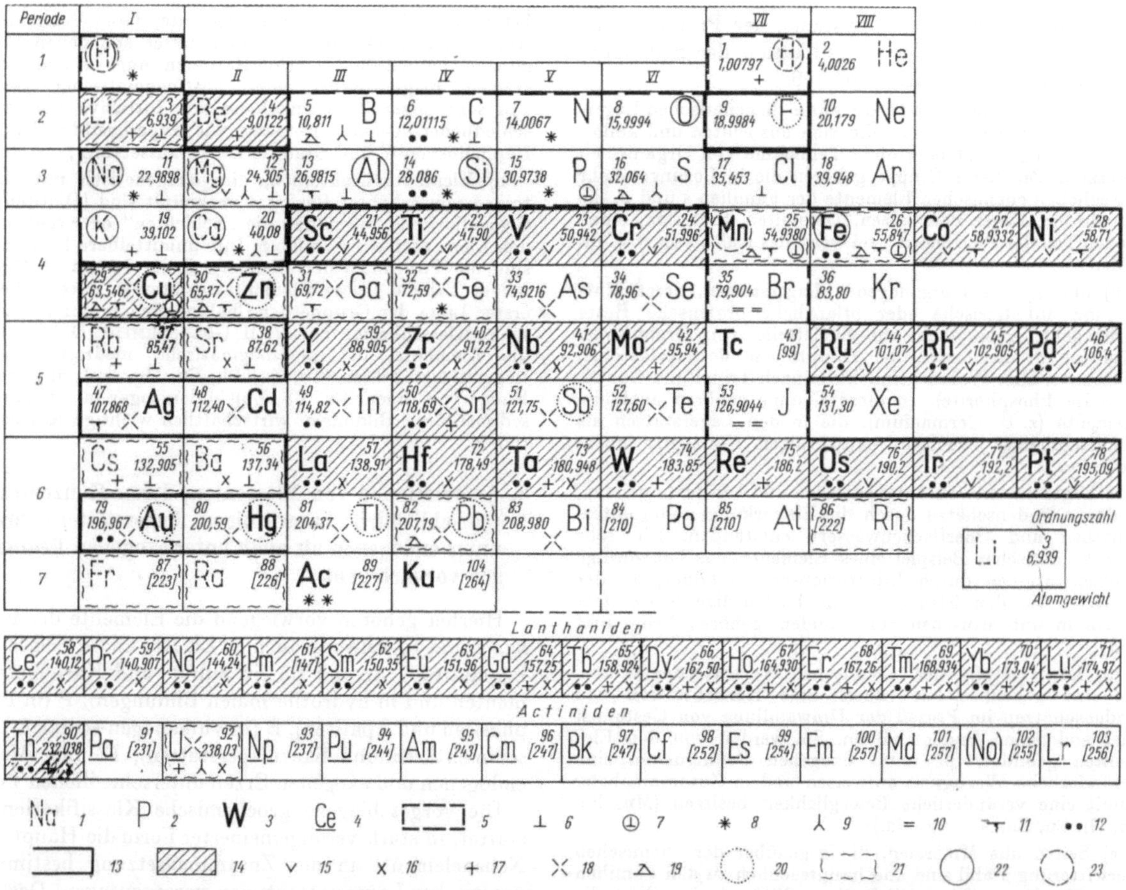

Abb. 2. Geochemische Suchklassifikation der Elemente, aufgestellt auf der Grundlage des Periodensystems D. I. MENDELEJEWS (allgemein übliche Variante)

Die Familien der chemischen Elemente nach dem Aufbau der Elektronenhüllen: 1 – Elemente, bei denen als letzte die äußere Energiebahn *s* aufgefüllt wird; stark beweglich unter verschiedenen Bedingungen; 2 – Elemente, bei denen als letzte die äußere Energiebahn *p* aufgefüllt wird; beweglich in Lösungen; 3 – Elemente, bei denen als letztes die innere Energiebahn *d* aufgefüllt wird; schwach beweglich in Lösungen, leichter beweglich in Schmelzen (Ausnahmen sind einige Elemente der I. und II. Gruppe, aber auch Mn, Fe, Co, Ni, U); 4 – Elemente, bei denen als letztes die innere Energiebahn *f* aufgefüllt wird; die Beweglichkeit ähnelt der der Familie *d*. Die geochemischen Assoziationen dieser Elemente haben Bedeutung für die Suche; 5 – Elemente, die vorwiegend unter exogenen Bedingungen konzentriert werden unter Bildung von bauwürdigen Lagerstätten: 6 – sedimentäre Lagerstätten; 7 – sedimentär-diagenetische Lagerstätten; 8 – organogene Lagerstätten; 9 – Infiltrationslagerstätten; 10 – unterirdische Laugen; 11 – Lagerstätten der Verwitterungsrinden; 12 – Seifenlagerstätten; 13 – Elemente, deren Konzentration vorwiegend unter endogenen Bedingungen vor sich geht und zur Bildung bauwürdiger Lagerstätten führt; 14 – genetisch an Intrusiva geknüpft, darunter: 15 – Hyperbasite und Basite; 16 – Nephelinsyenite; 17 – Granite; 18 – paragenetisch geknüpft an Granitoide von erhöhter Alkalinität (Granodiorite, Diorite); 19 – paragenetisch geknüpft an Effusiva; 20 – räumlich nicht mit magmatischen Bildungen verknüpft (niedrigthermale Lagerstätten); 21 – Elemente, deren Konzentration sowohl unter exogenen als auch unter endogenen Bedingungen zur Bildung bauwürdiger Lagerstätten führt. Elemente, die keine bemerkenswerten geochemischen Anomalien in der Lithosphäre bilden; 22 – Element-CLARKES = *n*%; 23 – Element-CLARKES = 0,*n*%

Beweglichkeit, daß ihre Valenzelektronen auf den inneren Energieschalen *d* und *f* liegen. Die Ionisierungspotentiale dieser Elektronen sind höher, und zum Einleiten und zum darauffolgenden Ablauf von Reaktionen ist eine Erhöhung der Temperatur und des Druckes unumgänglich (Abb. 3). Folglich muß die Migration der Elemente *d* und *f* vorwiegend unter endogenen Bedingungen verlaufen, in magmatischen Schmelzen oder in hochtemperierten Lösungen. (Die Ausnahme wurde schon vorher erwähnt.) Die Bedingungen, unter denen die Migration chemischer Elemente abläuft, ergeben schließlich die Besonderheiten ihrer Konzentration und die Bildung von wirtschaftlichen Lagerstätten nutzbarer Bodenschätze.

Wenn man das Ausmaß der Vorräte einzelner Elemente in bauwürdigen Lagerstätten in Betracht zieht, auch ihre Verbreitung in bestimmten Gesteinstypen, so ergeben sich nach den vorgeschlagenen geochemischen Klassifikationen drei Assoziationen chemischer Elemente, die für die Prognose und die Prospektion von Bodenschätzen Bedeutung erlangen (Abb. 2).

1. Elementassoziationen, deren hohe Konzentrationen vorwiegend unter exogenen Bedingungen mit der Bildung großer bauwürdiger Lagerstätten entstehen

Diese Assoziationen umschließen hauptsächlich die Elemente des oberen Teils der Tabelle von D. I. MENDELEJEW bis zur 4. Reihe („exogener Block"), in dem die Elemente der Familien *s* und *p* (H, Na, K, Mg, Ca, B, Al, C, Si, N, P, O, S, Cl) vereinigt sind. Einzelne Elemente bilden gleichsam kleine „Apophysen", die unter der 4. Reihe angehängt wurden. Innerhalb des „exogenen Blockes" werden diejenigen Elementassoziationen abgetrennt, die unter die genetischen Typen der exogenen Lagerstätten gezählt werden (hauptsächlich zur

Klasse der biochemischen Gesteine, der Produkte der Photosynthese nach der Klassifikation der Sedimentgesteine nach M. S. SCHWEZOW 1968):

a) die sedimentären und sedimentär-diagenetischen Lagerstätten mit den Elementen, die sich aus echten und kolloidalen Lösungen mit oder ohne Teilnahme von Organismen absetzten. Zu dieser Gruppe gehören die in Lösungen sehr beweglichen chemischen Elemente der Familien *s* und *p*, die bauwürdige Lager von Salzen, Dolomiten, Sideriten, einen großen Teil der Phosphorite, teilweise des Kalksteins u. a. m. bilden;

b) die eigentlich organogenen Lagerstätten, deren Entstehung auf tierische oder pflanzliche organische Reste zurückgeht, aber auch auf Skeletteile von Organismen (Kohlen, Brennschiefer, die Hauptmasse der Kalksteine, Diatomite, aller Wahrscheinlichkeit nach Tripel und Opoka, teilweise Phosphorite). In diese Gruppe gehören auch die Elemente (z. B. Germanium), die in den Lagerstätten als Beimengungen, jedoch in bauwürdigen Konzentrationen, auftreten;

c) Lagerstätten von unterirdischen und Infiltrationssolen, in denen Bodenschätze durch die Einwirkungen von unterirdischen und Oberflächenwässern entstanden. Ein sehr charakteristisches Beispiel eines Elements, das bauwürdige Konzentrationen durch Infiltrationsgenese bildet, ist der Schwefel. Zu den Elementen, die bauwürdige Konzentrationen in unterirdischen Solen bilden, gehören Brom und Jod;

d) Lagerstätten der chemischen Verwitterungskruste. Sie sind gekennzeichnet durch eine Konzentration von Bodenschätzen im Prozeß der Umwandlung von Gesteinen oder endogenen Bodenschätzen. Sie werden von den Elementen gebildet, die unter exogenen Bedingungen eine veränderliche Wertigkeit aufweisen und in Zusammenhang damit eine veränderliche Beweglichkeit besitzen (Mn, Fe, Co, Ni, Cu, Zn, Au, Ag u. a.);

e) Seifen aus Mineralen, die gegenüber der chemischen Verwitterung stabil sind und hauptsächlich zu den Familien *d* und *f* gehören (Titan, Zirkonium, Niobium, Lanthan, die Seltenen Erden u. a.) und teilweise zur Familie *p* (Kohlenstoff, Silizium, Zinn).

2. Elementassoziationen, deren hohe Konzentrationen vorwiegend unter endogenen Bedingungen bei Ausbildung großer bauwürdiger primärer Lagerstätten gebildet werden

Sie enthalten die Elemente, die im mittleren und unteren Teil der Tabelle von D. I. MENDELEJEW auftreten, beginnend mit der zweiten Hälfte der IV. Periode („endogener Block"). Die genetischen Besonderheiten der endogenen Lagerstätten kommen in der Tabelle durch den periodischen Wechsel („Schichtigkeit") einzelner Elementassoziationen, entsprechend dem Wechsel der Horizontalreihen der Elemente der Familien *d*, *p* und *f*, zum Ausdruck. Diese „Schichtigkeit" trifft nur in der ersten und zweiten Gruppe nicht zu. Die Besonderheiten im Bau der Elektronenhüllen der Elemente von *d* und *f* bedingen die hohe Energie der Kristallgitter der meisten hierher gehörigen Minerale, infolgedessen auch ihre Stabilität und ihre Fähigkeit zur Konzentration unter exogenen Bedingungen (FERSMAN 1939b). Daraus resultiert die Bildung bauwürdiger Seifen der Minerale des Titans, Zirkons, Niobiums, Tantals, Lanthans und der Seltenen Erden.

In dem großen „endogenen Block" des Periodensystems unterscheiden sich zwei geochemische Elementassoziationen:

a) Assoziationen der Erzelemente, die genetisch an Intrusionen gebunden sind. Sie entsprechen den horizontalen „Schichten" oder Reihen der Familie *d*, beginnend mit der III. Gruppe der Tabelle. Die Elemente, deren Positionen in Abb. 2 umrandet wurden, bilden unter endogenen Bedingungen bauwürdige Konzentrationen nur in den Lagerstätten magmatischer oder postmagmatischer Genese. Ein sehr enger Zusammenhang mit Intrusiva von unterschiedlicher Zusammensetzung, wie Hyperbasite und Basite, Nephelinsyenite und Granite, ist Voraussetzung;

b) Elementassoziationen, die paragenetisch mit Granitoiden von erhöhter Basizität verknüpft sind (Dioriten und Granodioriten). Sie bilden die „Schichten" oder Reihen mit den Elementen der Familie *p*. Ihre unmittelbare Fortsetzung sind die Positionen der Elemente *d* der I. und II. Gruppe in der Tabelle. Diese Elementassoziationen entsprechen in erster Linie der Gruppe der Chalkophilen in der geochemischen Klassifikation von V. M. GOLDSCHMIDT. Dabei werden die Elemente, die postmagmatische niedrigtemperierte Lagerstätten bilden (Cu, Zn, Pb, Sb, Hg, Au), abgetrennt. Einige von ihnen (Cu, Pb, Zn) bilden sogar in vulkanogen-sedimentären Bildungen wirtschaftlich wichtige Konzentrationen.

3. Assoziationen von Elementen, deren Konzentration (einschließlich bauwürdiger Lagerstätten) sowohl unter endogenen als auch unter exogenen Bedingungen vor sich geht

Hierher gehören vorwiegend die Elemente der Familien *s* und *p*, teilweise auch *d*: Li, Rb, Cs (in Salzen und Pegmatiten), Sr und Ba (in Sulfat- und Karbonatsedimenten und in hydrothermalen Bildungen), P (in Phosphoriten und Apatiten), B (in vulkanogen-sedimentären, sedimentären und Skarnlagerstätten), Fe und Mn (in endogenen und exogenen Erzen unterschiedlichen Typs).

Die vorgeschlagene geochemische Klassifikation gestattet, in stark verallgemeinerter Form die Haupt- und Nebenelemente in der Zusammensetzung bestimmter genetischer Lagerstättentypen vorauszusagen. Das gleiche gilt auch für die sie begleitenden geochemischen Aureolen und Anomalien. Zum Beispiel werden für exogene Salzlagerstätten (Sedimentationstyp) die Hauptelemente zur Familie *s* gehören (oberer Teil der Tabelle von MENDELEJEW: Na, K, Ca, Mg). Zu den Nebenelementen, die manchmal industrielle Bedeutung erlangen, gehören die übrigen Elemente der Familie *s* (Li, Rb, Sr, Cs). Für die endogenen Lagerstätten finden sich die Hauptelemente in den horizontalen Reihen der Familien *d* und *f*; aber auch in vertikalen Gruppen. Die Nebenelemente kann man innerhalb der Horizontalreihen der Familien *p* und *s* finden. Von den energetischen Eigenschaften der Elemente *d* und *f* hängt die Entwicklung der primären geochemischen Aureolen und von Anomalien der Hauptelemente innerhalb der Intrusiva selbst

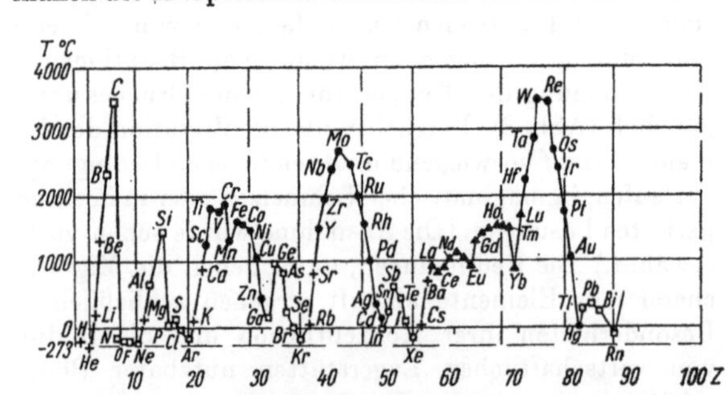

Abb. 3. Abhängigkeit der Schmelztemperatur T von der Atomzahl Z [nach M. P. SLAWIZKIJ & D. N. TRIFONOW aus dem Buch von M. M. PROTODJAKONOW (1969)]

Elemente der Familien: 1 = *s*; 2 = *p*; 3 = *d*; 4 = *f*

oder in der Randzone des Exokontakts ab. Die Nebenelemente *p* und *s* bilden Aureolen in der entferntesten Zone des Exokontakts.

Eine Gegenüberstellung der Haupteigenschaften von Elementen verschiedener Familien — *s*, *p*, *d* und *f* — mit den angeführten geochemischen Assoziationen ergibt die Möglichkeit für die Voraussage der Zonalität geochemischer Aureolen und Anomalien im Hinblick auf Lagerstätten.

Große Bedeutung für die Erarbeitung geochemischer Suchmethoden hat die Kenntnis der Verteilung chemischer Elemente in der Lithosphäre hinsichtlich ihrer gesetzmäßigen Anordnung im Periodensystem. In Abb. 2 sind diejenigen Elemente einzeln bezeichnet, die CLARKE-Werte haben, in ganzen oder zehntel Prozent ausgedrückt. Diese Elemente, die im oberen Teil des Periodensystems liegen, bilden in der Lithosphäre gewöhnlich keine deutlichen geochemischen Anomalien. Infolgedessen betreibt man die Suche nach Lagerstätten solcher Elemente nicht mit lithogeochemischen Methoden. Solche werden mit Erfolg für die Suche nach Lagerstätten der Mehrzahl der Elemente angewandt, die im „endogenen Block" des Periodensystems liegen, deren CLARKES in der Lithosphäre unter zehntel Prozent liegen.

Die untersuchten drei Gruppen von geochemischen Elementassoziationen sind in der modernisierten Tabelle von MENDELEJEW (Abb. 2) aufgezeigt, wo sich die Lanthaniden und Actiniden (insgesamt 28 Elemente) in zwei Kästchen befinden (Nr. 57 und 89). Die Einbeziehung der großen Gruppe der chemischen Elemente mit verkürzten Intervallen des Periodensystems findet eine teilweise Erklärung im Bau der Elektronenhülle sowie in den allgemeinen Eigenschaften dieser Elemente. Jedoch sind von geochemischer Sicht aus und für die Suche nach dem Periodensystem die vollständigen Reihen der Lanthaniden und Actiniden erforderlich. Diese Variante der Tabelle von MENDELEJEW gestattet, die geochemischen Eigenschaften der einzelnen Elemente dieser Gruppen zu untersuchen und einige prognostische Überlegungen über ihr Auffinden in geologischen Bildungen anzustellen. Außerdem gäbe die Verteilung der Lanthaniden und Aktiniden nach einzelnen Elementen in der Tabelle die Möglichkeit, sie mit anderen Elementassoziationen nach den Perioden, Reihen und Gruppen des Systems zu vergleichen. Dazu muß ergänzt werden, daß Lanthaniden und Actiniden zur Familie *f* gehören, die praktisch nicht im heutigen Periodensystem zum Ausdruck kommt. Hier ist sie versteckt hinter den Bezeichnungen La* und Ac*, die zur Familie *d* zählen. Indessen haben die Elemente der Familie *f* ihre Besonderheiten, die in irgendeiner Weise im vollständigen System in Erscheinung treten können. Von Bedeutung ist auch das Schwanken der Valenzeigenschaften der Lanthaniden und Actiniden. Sie stimmen nicht unbedingt für alle Elemente der III. Gruppe. Einige von ihnen haben sogar eine stabile Wertigkeit, die für andere Gruppen charakteristisch ist (z. B. Ce, Th, U u. a.).

Zwei Angaben von MENDELEJEW lenken die Aufmerksamkeit auf sich. Erstens drückte er eine wesenhafte Unstimmigkeit in der Stellung der Seltenen Erden in einem Kästchen der III. Gruppe des Periodensystems aus. Auf S. 133 des zweiten Bandes „Grundlagen der Chemie" schrieb er: „... Cer ^{140}Ce und Thorium ^{232}Th sind zur IV. Gruppe zu stellen." Bei den zu seiner Zeit schon relativ gut bekannten Praseodym ^{141}Pr und Neodym ^{144}Nd wurde bemerkt, daß eines von ihnen „offensichtlich in die V. Gruppe der 8. Reihe gestellt werden kann". In Ergänzung zum zweiten schrieb BRAUNER auf S. 449, daß „... die Wasserstoffverbindungen CeH_4, PrH_4 und NdH_4 der IV., V. und VI. Gruppe entsprechen".[1]) Zweitens gibt es auf S. 16 des ersten Bandes der „Grundlagen der Chemie" in einer Anmerkung zur ersten Variante des Periodensystems von MENDELEJEW einen nicht weniger wesentlichen Hinweis auf die Bedeutung und Stellung der Seltenen Erden in diesem System: „Zwischen ^{140}Ce und ^{183}Ta fehlt eine ganze große Periode; aber die Reihe der seltenen Elemente (ihre Erforschung ist noch nicht abgeschlossen), z. B. ^{141}Pr, ^{144}Nd, ^{150}Sm, ^{152} Eu, ^{157}Gd, ^{160}Tb, ^{165}Ho, ^{166}Er, ^{172}Tu und ^{173}Yb, präsentiert nach heutiger Kenntnis das Atomgewicht — als ein Merkmal —, das diesen Abstand erfüllt. Daher weist das Periodensystem der Elemente an dieser Stelle einen Bruch in seinem Aufbau aus, der neue Untersuchungen erfordert."

Die Gesamtheit der heutigen Daten über die Lanthaniden und die ihnen analogen Actiniden bestätigen die Richtigkeit der Voraussicht von MENDELEJEW über die Stellung der Seltenen Erden im Periodensystem. Bei der Betrachtung der ersten Variante des Systems unter heutigen Gesichtspunkten wurde unlängst gezeigt (TICHOMIROW 1959a und b), daß die Lanthaniden und Actiniden ihren Eigenschaften nach verschiedenen Gruppen des Systems zugeordnet werden können. Sie befinden sich entsprechend in der 8. und 10. Reihe der VI. und VII. Periode und sind harmonisch mit den Elementen verbunden, die ihnen voranstehen oder nachfolgen (s. Tab.).

Tab. Die mögliche Stellung der Lanthaniden und Actiniden im Periodensystem:

Gruppen						
II	III	IV	V	VI	VII	VIII
Ba Eu Yb Ra Am No	La Gd Lu Ac Cm Lr	Ce Tb Hf Th Bk Ku	Pr Dy Pa Cf	Nd Ho U Es	Pm Er Np Fm	Sm Tu Pu Md

Die Seltenen Erden werden sowohl durch ihre allgemeinen als auch ihre individuellen oder Gruppeneigenschaften charakterisiert. Es ist wohl eine allgemeine Erscheinung, daß, wie E. I. SEMENOW bemerkt, alle zu ihnen gehörenden Elemente gewöhnlich in einem beliebigen Seltene-Erden-Mineral enthalten und ihre quantitativen Verhältnisse sehr unterschiedlich sind. Das unterstreicht die individuellen Besonderheiten dieser Elemente. Bei der Verteilung der Seltenen Erden im Periodensystem ist es unumgänglich, daß die geochemische Verwandtschaft der sogenannten Cer-Elemente (La, Ce, Pr und Nd) widergespiegelt wird, die ein spezifisches Analogon der Hauptuntergruppe ist.

Eine besondere Stellung nehmen Eu und Yb ein, für die die Wertigkeit zwei besonders charakteristisch ist. Eu zeigt Züge einer direkten Ähnlichkeit mit den Elementen der Hauptuntergruppe der II. Gruppe (Ca, Sr

[1]) Für die „Grundlagen der Chemie" D. I. MENDELEJEWS (1947) gibt es einen Abschnitt, der speziell den Elementen der Seltenen Erden gewidmet ist, geschrieben von dem tschechischen Professor BOGUSLAW BRAUNER.

und Ba); aber in der Horizontalen geht es mit den „Yttererden" Gd, Tb, Dy u. a. zusammen. SEMENOW weist auf den anomal hohen Gehalt an Eu hin, der die Gehalte der benachbarten Elemente Sm und Gd in den Cer-Erden des Minerals Ibonit ($CaAl_{12}O_{19}$) überschreitet. Mit diesem Mineral sind die Aluminate und Ferrate der großen zweiwertigen Ionen Sr, Ba und Pb isostrukturell (SEMENOW 1963).

Die Ähnlichkeit des Eu mit den anderen Elementen der Seltenen Erden der genannten horizontalen Reihe kommt darin zum Ausdruck, daß sein allerhöchster Gehalt in dem Yttrium-Mineral Xenotim-YPO_4 entdeckt wurde.

Die Actiniden können ebenfalls wie die Lanthaniden in den Gruppen des Periodensystems untergebracht werden. W. I. SPIZYN (1969) ist z. B. der Meinung, daß die Einordnung des Neptuniums in die VII. Gruppe des Periodensystems wissenschaftlich völlig stichhaltig ist. In dem Buch von COTTON & WILKINSON (1961) wird festgestellt, daß für Thorium und Protactinium der dreiwertige Zustand nicht die Hauptform ist. Dementsprechend herrschen die vier- und fünfwertigen Oxydationsstufen vor, „... da Thorium bis zu einem gewissen Grade zum Hafnium tendiert, Protactinium dagegen zum Tantal ..." (S. 530). „... die chemischen Eigenschaften von Pa^V in Lösung tendieren in gewisser Hinsicht zu den Eigenschaften von Niob und Tantal; sie sind aber infolge der Hydrolyse des Protactiniums viel komplizierter" (S. 546). Die Stellung des Curiums entspricht der des Gadoliniums, weil die *f*-Schale bei ihnen zur Hälfte gefüllt ist. Berkelium erweist sich als Analogon des Terbiums und kann deshalb außer dem dreiwertigen Zustand auch das Ion Bk^{IV} bilden.

COTTON & WILKINSON zeigten, daß sich die Oxydationsstufen der einzelnen Actiniden von Verbindung zu Verbindung ändern können, je nachdem, ob die Energie der 5-*f*-, 6-*d*-, 7-*s*- und 7-*p*-Schalen angenähert gleich ist. Das trifft auch auf das Uran zu, für das die Existenz einiger Oxydationsstufen charakteristisch ist, die in ihrer Stabilität gleich sind, nämlich U^{IV} und U^{VI}.

Es zeigt sich also, daß genügend Grundlagen für die Diskussion von Varianten geochemischer Elementklassifikationen auf der Basis des gesamten Periodensystems einschließlich der Lanthaniden und Actiniden vorhanden sind (Abb. 4).

Das Auftreten solcher Elemente kompliziert den Charakter der Periodizität in der Stellung der Familien *d* und *p*, die früher in der Tabelle von MENDELEJEW als „endogener Block" abgetrennt wurden. In der IV. Periode vergrößert sich die „Mächtigkeit" der horizontalen „Zeile" der stabilen Elemente, zu denen nicht nur die *d*-Elemente, sondern auch die *f*-Elemente (Lanthaniden) gehören, die nach dem Lanthan in den einzelnen Kästchen stehen. Die unter laborativen und natürlichen Bedingungen erhaltenen Angaben über die Eigenschaften der Lanthaniden gestatten, die Elemente dieser Zeile genetisch als an die Nephelinsyenite und Granite geknüpft zu betrachten. Die Actiniden stehen in der folgenden (VII.) Periode hinter der Zeile der Elemente *p* und *d* (I. und II. Gruppe), die sie von den Lanthaniden abtrennen.

In der „Schicht" der Actiniden, die aus drei Reihen besteht, sind in geochemischer Hinsicht nur zwei Elemente besonders gut bekannt, das sind Uran und Thorium. Alle übrigen Elemente stellen Zerfallsprodukte des Urans dar, die hauptsächlich in Kernreaktionen erhalten werden oder in geringfügigen Mengen aus Uranerzen abgetrennt werden. In diesem Zusammenhang werden Thorium und Uran als die wichtigsten Elemente bei der Besprechung der geochemischen Besonderheiten der Actiniden und ihrer Gegenüberstellung zu den Lanthaniden bezeichnet.

Für Thorium ist der vierwertige Zustand der stabilste, in dem es Minerale in magmatischen und pegmatitischen Gesteinen bildet (Monazit, Thorianit u. a.). Letztere sind genetisch gewöhnlich eng mit Graniten oder Nephelinsyeniten verknüpft. Wie KOTLJAR (1961) bemerkt, zeigt das Uran in seinem vierwertigen Zustand eine Ähnlichkeit mit Thoriumverbindungen, wie sie in geringen Mengen mit Magmatiten in Form von Beimengungen zu den Akzessorien auftreten. In den spätesten Stadien der Abkühlung der magmatischen Herde geht das U^{4+} in die hydrothermalen Lösungen über. Dabei oxydiert es zu U^{6+}. Hier hört seine Assoziation mit dem Thorium auf. Die wichtigsten bauwürdigen Lagerstätten des Urans bildeten sich aus hydrothermalen Lösungen. Unter exogenen Bedingungen geht das U^{4+} leicht in U^{6+} über, indem es in unterirdischen und Oberflächenwässern migriert, wobei es bisweilen bauwürdige Konzentrationen bildet. Folglich gehört das Uran zu den Elementen, deren Konzentration sowohl unter endogenen als auch unter exogenen Bedingungen bis zur Bildung bauwürdiger Lagerstätten vor sich geht. Darin liegt auch die Besonderheit der Stellung des Urans in der VI. Gruppe der Tabelle im Gegensatz zum Thorium, dessen Kästchen sicher in die IV. Gruppe des Periodensystems gehört. So ordnete MENDELEJEW sie seinerzeit im Periodensystem der Elemente an (1947).

Von Interesse ist eine geochemische Gegenüberstellung der Actiniden und der Lanthaniden mit einigen Gruppen des Periodensystems, die als geochemische Vergleichsbasis bezeichnet werden könnten. Eine solche tritt in der IV. Gruppe der Tabelle auf, in der Thorium und Cer angeordnet sind. Das wichtigste Mineral, das erhöhte Mengen dieser Elemente in sich birgt, ist der Monazit. Er enthält in seiner Zusammensetzung außer den Hauptelementen Cer und Lanthan bis zu 30% Thorium. Im Thorianit sind stets Cer und Zirkonium enthalten. In dieser Gruppe steht auch das Terbium, von dem hohe Gehalte im Samarskit enthalten sind (MINEJEW 1969), der in seiner Zusammensetzung eine Reihe von Elementen der betreffenden Gruppe (Titan, Zinn) enthält. Es ist charakteristisch, daß alle aufgezählten Elemente der IV. Gruppe (Thorium, Cer, Zinn, Zirkonium, Titan) in Mineralen auftreten, die bauwürdige Seifen bilden.

Die zweite geochemische Basis wird in der VI. Gruppe des Periodensystems gefunden. Hier steht das Uran hydrothermaler und exogener Genese. In den größten hydrothermalen Lagerstätten enthält das Erz Uraninit und Uranpechblende, an deren Zusammensetzung gleiche Mengen von vierwertigem und sechswertigem Uran teilnehmen.

Für einige Typen von Uranlagerstätten sind die Elemente der VI. Gruppe beständige Begleiter: Molybdän in den Lagerstätten der Uran-Molybdän-Formation (WLASOW u. a. 1966), Selen in den Lagerstätten der Kupfer-Uran-Formation (KOTLJAR 1961). Von den Lanthaniden wird Neodym im Scheelit gefunden.

Schlußfolgerungen

1. Geochemische Klassifikationen der Elemente, die für die Analyse der geochemischen Prozesse notwendig sind, aber auch für die Prognose und die Suche nach nutzbaren Bodenschätzen, können erarbeitet und aufgezeigt werden an der üblichen Tabelle des Periodensystems von MENDELEJEW in ihrer modernen Form, die eine Abtrennung der vier Elementfamilien (*s*, *p*, *d* und *f*) vorsieht, entsprechend dem Charakter des Aufbaus der Elektronenhüllen der Atome. Eine vollkommenere Analyse vermittelt die Einbeziehung der Reihen der Lanthaniden und der Actiniden in das Periodensystem.

2. Ein Vergleich der geochemischen Assoziationen der Elemente darf nicht nur in den vertikalen Gruppen des Periodensystems durchgeführt werden, sondern auch in den horizontalen Reihen. In letzterem Falle zeigt sich deutlich die Periodizität des Auftretens der verschiedenen Elementfamilien (*d*, *p*, *f*, *s*) und in Zusammenhang damit die Periodizität in der Verbreitung der geochemischen Elementassoziationen. Es bestätigt sich die Schlußfolgerung von GAWRUSEWITSCH darüber, daß „... die horizontale Verknüpfung der chemischen Elemente tiefer ist, als es auf den ersten Blick erscheint ..." (1968, S. 116).

3. Wichtig für eine geochemische Analyse ist die diagonale Richtung im Periodensystem. Dabei muß, wie KEDROW (1947) bemerkt, eine Gegenüberstellung der Elemente „nicht über den Weg des Läufers", sondern „über den Weg des Springers" führen, wenn wir einmal die Terminologie der Schachspieler anwenden wollen. Eine vollkommene Analyse der geochemischen Besonderheiten des Periodensystems muß durch Sterne verwirklicht werden, wie das bei D. I. MENDELEJEW war.

Literatur

BUSCHINSKIJ, G. I.: Die Geochemie sedimentärer Prozesse. In: Begleiter des Erdölfeldgeologen. – T. 1, isd. 2, Gosgeoltechisdat (1954).

COTTON, F., & J. WILKINSON: Moderne anorganische Chemie. Red. von K. W. ASTACHOW. – Mir (1961).

FERSMAN, A. E.: Geochemie. – T. IV. Goschimisdat (1939) [1939a].

– Geochemische und mineralogische Methoden der Suche nach Bodenschätzen. – Verl. AN SSSR (1939) [1939b].

GAWRUSEWITSCH, B. A.: Grundlagen der allgemeinen Geochemie. – Verl. Nedra (1968).

GOLDSCHMIDT, V. M.: Die Verteilungsprinzipien der chemischen Elemente in Mineralen und Gesteinen. – Uspechi chimii, wyp. 2 (1938).

KEDROW, B. M.: Chemische Begriffe im Lichte des MENDELEJEWschen Erbes. In: Das periodische Gesetz D. I. MENDELEJEWs und seine philosophische Bedeutung. – OGIZ (1947).

KOTLJAR, W. N.: Geologie und genetische Typen der bauwürdigen Uranlagerstätten. – Gosgeoltechisdat (1961).

LEBEDEW, W. I.: Grundlagen der energetischen Analyse geochemischer Prozesse. – Verl. LGU (1957).

MENDELEJEW, D. I.: Grundzüge der Chemie. – T. 1 u. 2, isd. 13, Goschimisdat (1947).

MINEJEW, D. A.: Die Lanthaniden in Mineralen. – Verl. Nedra (1969).

NENIZESKUK: Allgemeine Chemie. Red. A. W. ABLOW. – Verl. Mir (1968).

PROTODJAKONOW, M. M.: Die Eigenschaften und der Elektronenaufbau der natürlich gebildeten Minerale. – Verl. Nauka (1969).

SAUKOW, A. A.: Geochemie. – Gosgeotechisdat (1950).

SAWARIZKIJ, A. N.: Einführung in die Petrochemie. – Verl. AN SSSR (1949).

SCHWEZOW, M. S.: Grundlagen der Klassifikation der Sedimentgesteine. – Tr. Meshdunar. geol. kongr. XXIII sess., probl. 8, Nauka (1968).

SEMENOW, E. I.: Mineralogie der Seltenen Erden. – Verl. AN SSSR (1963).

SPIZYN, W. I.: Beratung mit MENDELEJEW. – Prawda, 24/XII (1969).

STRUGAZKIJ, M. K., & B. P. NADEINSKIJ: Allgemeine Chemie. – Isd. 4, Wysschaja schkola (1965).

TICHOMIROW, S. W.: Über die Ausdrucksform des Gesetzes der Periodizität. – Isw. wyssch. utschebn. sawed., geol. i rasw., Nr. 6 (1959) [1959a].

– Das Gesetz MENDELEJEWs – eines der Grundgesetze der Natur. – Isw. wyssch. utschebn. sawed., Nr. 6 (1959) [1959b].

WERNADSKIJ, W. I.: Abriß der Geochemie. Ausgewählte Werke. – T. I, Verl. AN SSSR (1954).

WLASOW, B. P., u. a.: Die Geologie der Lagerstätten der Uran–Molybdän-Erzformation. – Atomisdat (1966).

Das Periodensystem der Elemente von D. I. MENDELEJEW mit der Tabelle der Elektronenverteilung im Atom. – Chimija (1968).

Die Erfolge der sowjetischen Geochemie

Zwischen dem XXIII. und XXIV. Parteitag der KPdSU sind fünf Jahre vergangen. In dieser Zeit sind auf den Gebieten des geochemischen Wissens beachtliche Erfolge erzielt worden. Ein großes Ereignis im Leben der Geochemiker, wie auch aller anderen sowjetischen Wissenschaftler, war die Untersuchung des Mondbodens, von dem durch die automatische Station „Luna 16" Proben zur Erde gelangten.

Einen beachtlichen Platz haben in den geochemischen Arbeiten die experimentellen Untersuchungen eingeräumt erhalten. Das Studium der Reaktionen von Silikatschmelzen mit Wasser und anderen leichtflüchtigen Komponenten wurde weitergeführt. Eine direkte experimentelle Untersuchung der Möglichkeiten einer Abtrennung von Erzelementen aus magmatischen Schmelzen mit Gas-Dampf-Phasen hat begonnen.

Erneut wurde die Aufmerksamkeit der Wissenschaftler auf die Liquationserscheinungen in magmatischen Schmelzen gelenkt. Eine große Bedeutung für den Charakter des Aufbaus und der Zusammensetzung des Stoffes im tieferen Mantel der Erde haben die Untersuchungen der polymorphen Umwandlungen bei hohen Temperaturen und Drücken.

Die Modellierung der natürlichen Prozesse der Wechselwirkung zwischen hydrothermalen Lösungen und verschiedenen Gesteinen erlaubte nicht nur, die oft beobachteten sekundären Gesteinsveränderungen zu erzeugen und zum Verständnis des Chemismus dieser Prozesse beizutragen, sondern auch eine der möglichen Mechanismen der Mobilisation von Erzsubstanz durch hydrothermale Lösungen zu erhellen.

Die experimentellen Untersuchungen der möglichen Formen des Austausches von Erzelementen durch hydrothermale Lösungen bestätigten die führende Rolle von komplizierten Komplexverbindungen, vor allem gemischter Anionen, bei diesen Prozessen. Ihre Untersuchung bei erhöhten Temperaturen und Drücken erlaubte, eine Reihe neuer möglicher Formen des Austauschs von Erzelementen durch hydrothermale Lösungen festzustellen. Die Untersuchung ihrer Stabilitätsfelder und der Veränderungen der Komplexe, z. B. bei verschiedener Alkalität–Azidität der Lösungen, gestattete, die physikochemischen Bedingungen der Erzablagerung näher zu klären. Eine große Bedeutung haben dabei zur Gewinnung von Daten über die Zusammensetzung der hydrothermalen Lösungen, ihre Konzentration von Erzelementen, ihre Alkalität–Azidität, ihre Temperatur und ihren Druck bei der Erzablagerung die Untersuchungen der Gas–Flüssigkeits-Einschlüsse in verschiedenen Mineralien erhalten.

Eine große und ständig wachsende Bedeutung erlangt in der Geochemie die Untersuchung des Erd-

Aus: „Geochimija", Nr. 3, S. 259–260 (1971).
Übers.: WOLFGANG BEYER, Schneeberg.

mantels. Besonders fruchtbar erwiesen sich hier die Untersuchungen der „rift valleys" und die sie ersetzenden Bruchzonen am Boden der Ozeane. Mit Hilfe der Ausbaggerung wurde ein gewaltiges Material erschlossen, dessen Studium nicht nur die Zusammensetzung und den Aufbau des oberen Mantels zu charakterisieren ermöglicht, sondern auch zum Verständnis der Entstehungsprozesse in den tieferen Zonen der Erde beiträgt. Mehr noch: Die Untersuchung des submarinen Vulkanismus und das Auftreten einer hydrothermalen Tätigkeit führten uns zusammen mit dem Studium der Einschlüsse ultrabasischen Materials in Kimberliten und ultrabasischen Gesteinen aus Riftschluchten zur Neueinschätzung der Rolle des Mantelmaterials nicht nur bei der Entstehung der magmatischen Gesteine, sondern auch bei der Entstehung verschiedener Typen von Lagerstätten, deren Bildung bisher nur als Produkt der in der Erdkruste ablaufenden Prozesse betrachtet wurde.

Auf breiter Front erfolgt, wie bisher, das Studium der stabilen Isotope einer Reihe von Elementen. Die Untersuchung der Verbreitung der O-, S-, Pb-, H-, N-Isotope und anderer in natürlichen Objekten wurde fortgesetzt. Besonders interessante Daten wurden für die B-Isotope erhalten, deren Untersuchung zusammen mit den Pb-Isotopen die „Vorgeschichte" der Erzelemente in den Lagerstätten zu entschlüsseln gestattet und über die Herkunft der Erzsubstanzen, die Zeit ihrer Abspaltung und folglich auch ihrer Bildung zu urteilen erlaubt.

Die Untersuchungen auf den Gebieten der Geochemie sedimentärer Gesteine und biogeochemischer Provinzen haben sich erfolgreich weiterentwickelt.

Eine neue Wertung erhielt in den letzten Jahren auch das Problem der Isomorphie. Erneut wurde die Aufmerksamkeit auf dieses Problem gelenkt, aber bereits auf moderner kristallchemischer, thermodynamischer und quantenchemischer Grundlage. Die Rolle der Ionisationspotentiale, der Grad der Kovalenz der chemischen Bindungen und der von hier entstammende Begriff der „Energie der Atomisation" anstelle des idealisierten Begriffs „Energie des Kristallgitters" für Ionengrenzverbindungen ergaben viel Neues in den Vorstellungen über die isomorphe Mischbarkeit und über die energetische Seite dieser Erscheinung.

Ein wichtiges Problem der Geochemie ist die Entwicklung von geochemischen Methoden der Suche und Einschätzung von nutzbaren Lagerstätten sowie an der Erdoberfläche nicht ausgehenden blinden Erzkörpern. Die Anwendung der mathematischen Statistik ermöglichte, die Zuverlässigkeit der in der Praxis geologischer Erkundungsarbeiten breit angewendeten lithogeochemischen Methoden der Suche von Lagerstätten wesentlich zu erhöhen.

Ein wichtiges Ergebnis auf diesem Gebiet ist die Eröffnung neuer Wege zur Entwicklung geochemischer Methoden der Suche und Einschätzung von nutzbaren Lagerstätten, die auf der Erkennung des Chemismus der lagerstättenbildenden Prozesse beruhen. Die Verwendung der Verteilungsparameter der Elementliganden, die die Transporteure der Erzelemente sind, bei den Bedingungen ihrer isomorphen Fixierung in den erzumgebenden Gesteinen gestattete, die Entwicklung einer quantitativen geochemischen Methode zur Prognose des Maßstabs der Vererzung nach der Teufe und zum Aufsuchen verborgener Erzkörper für Zinn-, Wolfram- und andere Lagerstätten zu entwickeln. Die Anwendung geochemischer Suchmethoden gestattet, rechtzeitig eine Vorsortierung der Erzzonen durchzuführen und die zweckmäßigsten Bereiche der Tiefenerkundung auszuwählen, was letztlich die Effektivität der teuren geologischen Erkundungsarbeiten merklich erhöht.

Die Errungenschaften der sowjetischen Geochemie erhielten ihre klare Widerspiegelung auf dem Internationalen Kongreß über die Geochemie geologischer Prozesse im Jahre 1971, an dem die bekanntesten Wissenschaftler der UdSSR und vieler Staaten teilnehmen, die auf den Gebieten der Geochemie arbeiten. Es wird dies eine Schau unserer Errungenschaften und ein wertvoller Austausch wissenschaftlicher Erkenntnisse werden.

Methoden der Suche von Uranlagerstätten

Entwicklung und Stand

Die allgemein steigende Tendenz des Bedarfs an spaltbaren Stoffen, insbesondere für die Zwecke der sich stetig entwickelnden Kernernegiewirtschaft, verlangt die planvolle Erweiterung der mineralischen Rohstoffgrundlage zur Urangewinnung.

In der Gesamtheit der geologischen Sucharbeiten auf Uran nehmen sowohl in der UdSSR als auch in anderen Ländern die radiometrischen und die geochemischen Methoden den führenden Platz ein. Sie beruhen auf der Messung der natürlichen Radioaktivität der Gesteine und Erze und auf der Feststellung primärer und sekundärer Dispersionshöfe des Urans und seiner Begleitelemente.

Die radiometrischen und die geochemischen Methoden finden in allen Stufen der geologischen Sucharbeiten auf Uran immer mehr Anwendung — von Übersichtsaufnahmen und Arbeiten in kleinem Maßstab, die der Einschätzung der Uranführung großer Gebiete dienen, bis zur industriellen Bewertung von festgestellten Erzvorkommen und Lagerstätten mit anschließender Berechnung der Vorräte. Mit Hilfe dieser Methoden wurden in der UdSSR wie auch in anderen Ländern die meisten industriell verwertbaren Lagerstätten von radioaktiven Erzen entdeckt.

In der UdSSR begann man in den 20er Jahren unseres Jahrhunderts die Methoden der radiometrischen Erkundung auszuarbeiten und in die Praxis einzuführen. Die Arbeiten aus der Anfangszeit der Entstehung der Erkundungsradiometrie wurden von KIRIKOW, TWERSKIJ, GRAMMAKOW, GORSHKOW und AJDARKIN verallgemeinert. Bis in die Jahre 1955 bis 1957 war das Buch dieser Forscher eigentlich die einzige hinreichend vollständige Anleitung, in der die Erfahrungen aus der Entwicklung und Anwendung der radiometrischen Methoden bei der Suche und Erkundung nicht nur von radioaktiven Erzen, sondern auch von anderen Lagerstätten nutzbarer Minerale systematisch dargelegt sind. Gegenwärtig ist dieses Buch beträchtlich veraltet und zur bibliographischen Seltenheit geworden.

Aus dem Buch: „Metody poiskow uranowych mestoroshdenij", Verlag „Nedra", Moskau 1969; Kapitel „Wwedenie" (Einführung), Seite 4—9. Übersetzt und bearbeitet von Dr. KARL KÖHLER, Karl-Marx-Stadt.

Die starke Entwicklung und breite Einführung der Methoden der radiometrischen Erkundung begannen in den 40er Jahren, als das Interesse an Uranrohstoffen als Quelle zur Gewinnung von Kernenergie mit einem Schlage anstieg. Als Ergebnis der früher betriebenen wissenschaftlichen Forschungen wurden in dieser Zeit die Grundlagen für die weitere Entwicklung der radiometrischen Methoden in der UdSSR gelegt (γ-Aufnahme im Gelände; Emanationsmethoden in den Formen der Radon- und Thoronmessung; γ-Bohrlochmessung; Labormethoden zur Untersuchung der Radioaktivität von Gesteinen und Erzen und andere).

Allerdings waren diese Arbeiten in Methodik und Technik zu jener Zeit noch unvollkommen. In der Hauptsache wurden Blättchen-, Faden- und Schleifenelektrometer mit Ionisationskammern verwendet.

Zugleich wurden schon Anfang der 30er Jahre in der UdSSR erste Schritte unternommen, bei γ-Bohrlochmessungen und Labormessungen Gasentladungszähler zu benutzen, die empfindlicher sind als Ionisationskammern. 1946 begann die Entwicklung von Meßgeräten mit solchen Zählern. Anschließend wurde die Theorie der Aero-γ-Methode geschaffen. Sie ist die „schnellste" radiometrische Methode und spielte schon Mitte der fünfziger Jahre die führende Rolle bei der Einschätzung der Uranführung von großen Gebieten, in denen vorwiegend offene und abgeschwächte Zerstreuungshöfe der radioaktiven Elemente entwickelt sind. Die verbreitete Anwendung dieser Methode führte letztlich zu einer allgemeinen Erhöhung der Wirksamkeit und zur Beschleunigung der Suche nach Uranerzen.

Gleichzeitig wurden Zählrohrmeßgeräte für den Gebrauch in Labors, im Gelände, auf Fahrzeugen und in Bohrungen entwickelt und ständig vervollkommnet. Ebenso wurde die Methodik der radiometrischen Arbeiten weiter ausgebaut. In den Jahren 1946/1947 wurde in der UdSSR die γ-Probenahme von Uranerzen am Anstehenden durch Differenzmessung (mit Hilfe besonderer Abschirmungen) vorgeschlagen und erprobt. Diese Methode wird gegenwärtig in breitem Maße neben der γ-Bohrlochmessung angewandt und dient zur quantitativen Bewertung von Uranerzen und zur Gewinnung von Eingangsdaten für die Vorratsberechnung.

Ein wichtiger Abschnitt in der Entwicklung der radiometrischen Erkundung und der Kerngeophysik war die Einführung der Szintillationszähler zu Beginn der 50er Jahre. Diese Zähler besitzen eine Reihe wesentlicher Vorzüge vor den Gasentladungszählern.

Die Verwendung der Szintillationszähler ermöglichte die Schaffung serienmäßiger Strahlungsmeßgeräte hoher Empfindlichkeit und Vollkommenheit für Messungen im Labor und im Gelände (SRP—2 für die Suche, PRKS für Bohrlochmessungen, Emanometer EM—6 und andere).

Der wissenschaftliche und technische Fortschritt in der Elektronik, der kernphysikalischen Meßtechnik und dem Bau von Strahlungsmeßgeräten bewirkte nicht nur eine Verbesserung der Strahlungswandler, sondern auch eine Vervollkommnung der Verstärker- und Registriertechnik und aller anderen Teilgebiete der Geräteentwicklung.

In den letzten Jahren werden in der UdSSR Szintillationsgeräte für γ-spektrometrische Messungen im Flugzeug, im Fahrzeug, im Gelände (tragbare Geräte) und in Bohrungen entwickelt und eingeführt (aerogeophysikalische Meßanordnung ASG—48, Feldspektrometer SP—3 u. a.). Damit erweitern sich wesentlich die Möglichkeiten der γ-Methode zur Einschätzung von Anomalien. So können die Gehalte des Urans (über das Radium), des Thoriums und des Kaliums in Gesteinen und Erzen vom Flugzeug (Hubschrauber) aus, an der Erdoberfläche und in Bohrungen quantitativ einzeln bestimmt werden. Zur gleichen Zeit, in der diese Geräte eingeführt werden, wird auch die Methodik der γ-spektrometrischen Aufnahme für die geologische und geochemische Kartierung und für die Prognose von Gebieten für die Uransuche ausgearbeitet.

Im Laufe der Entwicklung gewann also die γ-Messung eine besondere Bedeutung für die Suche und Erkundung des Urans. Ihre hauptsächlichen Arten sind: Messungen aus der Luft (Flugzeug und Hubschrauber), Messungen an der Erdoberfläche (zu Fuß und in kurzen Bohrungen) und Messungen in Bohrlöchern. Der Übergang zu γ-spektrometrischen Messungen wird die führende Stellung der γ-Methode noch mehr verstärken.

In bestimmtem Maße schwand damit auch die ursprüngliche Bedeutung der Emanationsmessung als selbständiger Suchmethode. Sie wird jetzt nur in vergleichsweise geringem Umfang angewandt, hauptsächlich bei der Untersuchung besonderer Einzelheiten.

Um die Eindringtiefe der radiometrischen Suchmethoden in solchen Gebieten zu vergrößern, die von Lockergesteinsablagerungen mit Mächtigkeiten bis zu 10—20 m bedeckt sind, wurde die Methode der tiefenradiometrischen Suche mit Erfolg entwickelt und eingeführt. Die Besonderheit dieser Methode besteht darin, daß der Strahlungswandler mit besonderen technischen Mitteln (selbstfahrende hochproduktive Bohranlagen des Typs SUGP u. a.) an den repräsentativen Horizont der stärksten Ausbildung der Dispersionshöfe des Urans herangebracht wird. Mit den genannten Anlagen ist es erstmalig gelungen, die γ-Strahlung der Gesteine während des Bohrens stetig aufzuzeichnen.

Von den vielen Anomalien, die mit radiometrischen Methoden festgestellt und anschließend mit bergmännischen Arbeiten untersucht werden, rührt nur ein kleiner Teil von verwertbaren Erzkörpern her. Deshalb werden in letzter Zeit bei der Suche nach hydrothermalen Uranlagerstätten auch die Dispersionshöfe der Begleitelemente des Urans (Blei, Molybdän, Nickel, Arsen u. a.) in großem Maße untersucht.

Die Untersuchung der Höfe der Begleitelemente wird mit geologischen Strukturuntersuchungen verbunden und ermöglicht in manchen Fällen die Suche von Uranerzkörpern, die nicht an die Erdoberfläche ausstreichen. Zur Klassifizierung und Bewertung von radiometrischen Anomalien wird in letzter Zeit eine Gruppe von Methoden ausgearbeitet, die auf der Untersuchung der Dispersionshöfe radioaktiver und stabiler Isotope der Zerfallsreihen des Urans beruhen (Radium, Thorium, Aktinouran). Zu diesen Methoden gehören die Bleimethode, die Analyse der Isotopenverhältnisse radioaktiver Elemente, die Aktinonmethode. In den letzten Jahren wurde die Heliummethode wissenschaftlich begründet und bei der Uransuche praktisch erprobt. Sie beruht auf der Ermittlung von Dispersionshöfen des Heliums in der Bodenluft, in Gesteinen und in natürlichen Wässern, die Erzkörper durchströmt haben. Bei günstigen geologischen Bedingungen kann diese Methode eine sehr große Eindringtiefe für die Suche nach Uran haben. Freilich sind die genannten neuen Methoden noch nicht über die wissenschaftliche Forschung und Entwicklung hinausgewachsen, und es gibt noch keine serienmäßigen Meßgeräte. Deshalb werden sie in der vorliegenden Arbeit nicht beschrieben.

Die Eindringtiefe bei Sucharbeiten wird auch dadurch vergrößert, daß neben den tiefenradiometrischen Verfahren zugleich auch lithochemische und hydrogeologische Methoden sowie nichtradiometrische geophysikalische Verfahren und Gasuntersuchungen angewandt werden.

Bei der Ausgliederung höffiger Gebiete werden gegenwärtig immer mehr regionale gravimetrische und aeromagnetische Aufnahmen verwertet. Bei der Vorbereitung von Gebieten zur Uransuche werden geoelektrische Messungen mit Gleich- und Wechselstrom (Kartierung und Tiefensondierung) und magnetische Messungen dazu benutzt, die lithologischen Eigenschaften des Liegenden und die Mächtigkeiten der unverfestigten Deckschichten zu ermitteln. Sehr wichtig sind geophysikalische Verfahren bei der spezialisierten geologischen Kartierung und besonders bei der Feststellung und Verfolgung erzführender Strukturen, die von mächtigen Lockergesteinsschichten bedeckt sind. Die in der UdSSR gesammelten Erfahrungen in der Methode der Tiefensuche von Erzlagerstätten sind in einem Sammelband verallgemeinert, den Eremejew & Solowow (1968) herausgegeben haben. Die grundsätzlichen Erkenntnisse und die Untersuchungsmethoden, die in diesem Buch dargestellt sind, gelten in vollem Umfang auch für die Tiefensuche von radioaktiven Erzen.

Die Methoden der radiometrischen Erkundung haben sich in den letzten 20 Jahren stark entwickelt und sind in breitem Umfang in die Praxis der geologischen Sucharbeiten auf Uran eingeführt worden; deshalb ist schon seit langem eine Verallgemeinerung der gesammelten Erfahrungen und damit die Herausgabe von Monographien, Anleitungen, Instruktionen und Lehrbüchern auf diesem Gebiet erforderlich geworden. Gegenwärtig gibt es in der UdSSR und im Ausland eine umfangreiche Literatur über die Geologie, Mineralogie und Geochemie der radioaktiven Erze, über die Methoden ihrer Suche, Erkundung, Bewertung, Gewinnung und Verarbeitung.

Buchbesprechungen

POUBA, Z., & M. ŠTEMPROK

Problems of Hydrothermal Ore Deposition
The Origin, Evolution and Control of Ore-forming Fluids

(Gewidmet CH. F. DAVIDSON, 1911—1967)
Vorträge des IAGOD-Symposiums in St. Andrews, Scotland, 1967

Stuttgart: Schweizerbart'sche Verlagsbuchhandlung; Budapest: Akadémiai Kiadó 1970. International Union of Geological Sciences, Serie A, Nr. 2, XII

Sammelbände, wie der vorliegende, werden der Typ der Veröffentlichungen über Spezialthemen der Zukunft sein. Dies läßt sich voraussagen, weil die Zahl der Wissenschaftler, die veröffentlichen, steigt, die Veröffentlichungen deswegen kürzer und prägnanter werden müssen, befreit von jedem redundantem Ballast. Da es günstig, d. h. objektiv notwendig sein wird, daß der Wissenschaftler den Stand der Kenntnisse auf einem Spezialgebiet gedrängt zusammengestellt erhält, wird sich die hier praktizierte Art, die die genannten Charakteristika aufweist, unbedingt durchsetzen. Auf 390 S. sind 121 Beiträge, fast ausschließlich Kurzberichte, mit 112 Abb. und 47 Tab. enthalten, das sind pro Arbeit 3,2 S., jede im Durchschnitt mindestens mit einer Abb. oder Tab.

Von den Autoren werden drei Themen behandelt: Die Quelle der Metalle bei hydrothermalen Lagerstätten, die Bildungstiefe und die vertikale Ausdehnung von Erzlagerstätten sowie Gesetzmäßigkeiten der Nebengesteinsveränderungen bei Mineralisationsprozessen hydrothermaler Lagerstätten. Dies sind die Themen, die von der International Association on the Genesis of Ore Deposits (IAGOD) auf ihrem 2. Symposium in St. Andrews 1967 behandelt wurden, Themen, die gleichermaßen sowohl von theoretischem als auch von praktischem Interesse sind. Letzteres soll besonders unterstrichen werden, da gesicherte Kenntnisse über die Herkunft der Elemente eines bestimmten Lagerstättentyps, über die mögliche Ausdehnung und über die Nebengesteinsveränderungen unbedingt in das System der Faktoren und Indikatoren für die Prognose und Suche eingehen müssen.

Der Sammelband gibt einen hervorragenden Querschnitt über den Stand der Forschungen in aller Welt, wobei entsprechend dem real vorhandenen Potential zu dieser Problematik aus dem sozialistischen Teil der Welt mehr Autoren zu Wort kommen als aus dem kapitalistischen. Jeder, der sich mit den speziellen Problemen befassen will, wird den Band studieren müssen und über den faktischen Inhalt und die dargestellte vielfältige Spezifik der einzelnen Lagerstättenbildungsvorgänge äußerst befriedigt sein. Den von der IAGOD beauftragten Herausgebern, Z. POUBA und M. ŠTEMPROK, sei Dank gesagt für die Mühe, die sie aufbringen mußten, um diese vorzügliche Zusammenstellung der Arbeiten in englischer Sprache zu besorgen. G. TISCHENDORF

BENTZ, A., & H. J. MARTINI (Hrsg.)

Lehrbuch der angewandten Geologie, Bd. II, 2. Teil

Stuttgart: Verlag Ferdinand Enke 1969. 2151 S., 302 Abb., 101 Tab.

In dem uns vorliegenden Teil 2 des II. Bandes dieses Werkes, dessen vorangegangene Lieferungen in unserer Zeitschrift bereits ausführlich besprochen worden sind (Z. angew. Geol., **8**, H. 2, S. 104, und **14**, H. 11, S. 612—613) werden die Fachgebiete Hydrogeologie, Ingenieurgeologie, Geologie bei Maßnahmen des Wasserbaus, mathematische Verfahren in der Geologie, Aufstellung von Schichtenverzeichnissen usw., geologische Auswertung von Luftbildern und Vermessung geologischer Geländearbeiten behandelt. Es ist im Rahmen dieser Zeitschrift nicht möglich, auf alle Detailfragen einzugehen. Stellvertretend für andere Fachgebiete sei deshalb hier der Problemkreis „Ingenieurgeologie" besprochen. Er wird auf den Seiten 1547 bis 1758 durch E. HABETHA erörtert.

In Abschnitt 7.1. werden Begriff und Aufgabe der Ingenieurgeologie umrissen und die Stellung dieses Wissensgebiets im Rahmen eines Schemas dargestellt. Wie alle derartigen Einteilungen ist auch die hier gewählte umstritten.

In Abschnitt 7.2. wird die Einteilung der Gesteine, bezogen auf die Probleme der Ingenieurgeologie, vorgenommen. Die Klassifizierung ist sehr eng mit den Fragestellungen im Bauwesen verbunden. Die Angaben zu den Lockergesteinen erfolgen nach den in der BRD gültigen Normen, wobei die hier und auch an anderen Stellen des Buches gewählte Formulierung „in Deutschland gebräuchliche Einteilung..." als überholt zu betrachten ist.

Die Geländeuntersuchungen, unterteilt nach Untersuchungsstadien, werden im Abschnitt 7.3. behandelt, die wichtigsten Verfahren beschrieben und durch Skizzen erläutert. Sie sind für einen schnellen Überblick gut zusammengestellt.

Untersuchungen im Labor hat HABETHA im Abschnitt 7.4. behandelt. Die Zusammenstellung der wichtigsten Untersuchungsverfahren und deren Anwendungsgebiete in Tab. 13 sind besonders ansprechend. Die Richtwerte für die einzelnen Verfahren bzw. Gesteine u. a. in anderen Tabellen sind überschläglich ausreichend. Als Mangel erweist es sich hier und an anderen Stellen des Buches, daß neuere Gerätetypen nur sporadisch behandelt werden. Seit vielen Jahren gibt es schon in der VR Polen, der UdSSR, der DDR u. a. mechanisierte Proctorgeräte, die auch in der Literatur beschrieben wurden.

Der Abschnitt Anwendung und Beispiele kann nicht in vollem Umfang befriedigen. Es wurden z. T. Arbeiten als Beispiele erläutert, die zwanzig Jahre und älter sind (Planungskarten). Auch die Ausführungen über auslaugungsgefährdete Gebiete sind ungenügend. Hierüber gibt es umfangreiche moderne Literatur.

Die Angaben zu den Problemen Grundbau—Gründungen sind anschaulich behandelt und zeigen, wie vielgestaltig die Aufgaben der Ingenieurgeologie sind.

Interessante Bauschadensfälle und mit ihnen verbundene Probleme sind im Abschnitt 7.6. erörtert. Hierbei hätte es sich gelohnt, noch einige Beispiele mehr in das Buch aufzunehmen.

Abschnitt 7.7. beschäftigt sich mit einer Problematik, die immer mehr an Bedeutung gewinnt: den Bodenverbesserungsverfahren und Abdichtungen, die heute in steigendem Maße angewendet werden. Hier finden sich interessante Beispiele. Bei der Behandlung thermischer Verfahren einschließlich der Gefrierverfahren erwähnt der Autor u. a. diesbezügliche Entwicklungen in der UdSSR, wo auf diesem Gebiet gute Forschungsarbeiten geleistet wurden. Anachronistisch für ein Lehrbuch aus dem Jahre 1969 bleibt der von HABETHA angewandte Terminus „Rußland".

Den Abschluß dieses Teils des Buches bildet der Abschnitt 7.8.: Form und Beispiele für die Erarbeitung ingenieurgeologischer Gutachten.

Insgesamt gibt das Kapitel Ingenieurgeologie einen guten Einblick in die Probleme dieser Disziplin. Bei einzelnen Abschnitten hätte eine umfassendere Auswertung der Literatur zu besseren Aussagen und moderneren Beispielen geführt. Hierbei muß erwähnt werden, daß die Literaturauswahl oft sehr einseitig ist; bedeutende Publikationen aus der UdSSR, ČSSR und DDR, wo auf diesem Spezialgebiet gute Ergebnisse vorliegen, fehlen.

Die Ausstattung des gesamten Buches ist gut und als Leitfaden besonders für Studenten geeignet.

G. BACHMANN & K. KAUTER

Hrsg. R. LAUTERBACH

Geophysik und Geologie

Leipzig: BSB B. G. Teubner Verlagsgesellschaft. Folge 13, 98 S., 91 Abb., 18,—M

Die Probleme der Steigerung der Effektivität von geologischen Erkundungsarbeiten, insbesondere durch den Einsatz moderner geologisch-geophysikalischer Verfahren und ihre ständige Vervollkommnung stehen im Mittelpunkt der in dieser Folge veröffentlichten Beiträge, die anläßlich des im September 1967 in Markkleeberg bei Leipzig durchgeführten gemeinsamen Symposiums des Fachverbands Geophysik der Deutschen Gesellschaft für geologische Wissenschaften und der Gesellschaft Ungarischer Geophysiker vorgetragen wurden.

Die sich hinsichtlich der Effektivität geophysikalischer Methoden abzeichnenden Entwicklungstendenzen in Ungarn werden von V. BESE, Budapest, unter Berücksichtigung der langfristigen Planung der Erkundung von Lagerstätten behandelt. Einen entsprechend breiten Rahmen finden die Beiträge zu Problemen der Vervollkommnung der geophysikalischen Methoden. Besonderes Interesse verdient hier der Beitrag von G. PORSTENDORFER, Freiberg, „Beiträge der Magneto-Tellurik zu einem komplex-geophysikalischen Nord-Süd-Profilschnitt durch die DDR". Die durch komplexe Vergleiche mit anderen geophysikalischen Methoden erzielten Ergebnisse erbrachten neue Möglichkeiten der stratigraphischen Zuordnung des hochohmigen magnetotellurischen Trägerhorizonts. Damit werden Wege aufgezeigt, die den sinnvollen Einsatz dieser Methode bei der Erforschung der tieferen Stockwerke beinhalten.

Der Beitrag von PAWLISZYN „Über die stratigraphische Zuordnung eines tellurischen Leithorizonts", der das Problem der stratigraphischen Zuordnung eines tellurischen Hilfshorizonts längs eines regionalen Profils im N der VR Polen behandelt, bringt ebenfalls eindeutige Resultate für die erfolgreiche Anwendung dieser Methode bei der Untersuchung von tiefliegenden hochohmigen Schichten. Die Behandlung wesentlicher Probleme der Vervollkommnung der seismischen Untersuchungsmethodik hinsichtlich der Verbesserung des Primärdatenmaterials bei KMGW-Messungen durch neue Methoden der Energieanregung (W. ARISTOW u. a.), der Anwendung von Parameterprogrammen zur Aussonderung multipler Wellen und bei der Untersuchung der Quasidispersion (A. K. URUPOW) und der Bedeutung der Vertikalprofilierung für das Auftreten von multiplen Reflexionen (K. DEUBEL) vervollkommnet in hervorragender Weise das Anliegen der in Folge 13 veröffentlichten Beiträge.

R. TÖPFER

W. UYTENBOGAARDT & E. A. I. BURKE

Tables for Microscopic Identification of Ore Minerals, 2. verb. Auflage

Amsterdam — London — New York 1971, Elsevier Publ. Comp., 430 S., 57,50 Dfl

Tabellen zur Identifikation von Erzmineralen unter dem Mikroskop gibt es eine ganze Reihe. Das jüngst erschienene Werk von UYTENBOGAARDT & BURKE, das gegenüber der 1. Auflage (1951, 207 S.) als stark erweitert und erheblich verbessert bezeichnet werden kann, entspricht auf Grund der Anordnung der in ihm enthaltenen Daten natürlich noch einem Tabellenwerk, jedoch sind die jedem Erzmineral beigefügten Bemerkungen zur Struktur und Textur, zu Verwachsungen, Entmischungen, Verdrängungen, zur Paragenese u. a. oft derart umfangreich, daß der Charakter als Tabelle nicht mehr erhalten bleibt. Dies ist beileibe kein Mangel, eher ein Vorzug und sicher ein Zeichen dafür, daß die Kenntnisse in der Erzmikroskopie, auch jene über quantitative Daten, in den letzten beiden Jahrzehnten doch so erheblich angewachsen sind, daß sie in normaler Tabellenform nicht mehr unterzubringen sind.

Dem Werk sind sogenannte Bestimmungstabellen vorangestellt (S. 3 bis 31). Hier sind die Minerale nach ihrer Mikrohärte, nach ihrem Reflexionsvermögen und nach ihrer Polierhärte geordnet. Besondere Mineralgruppen, so Selenide, Telluride, die Sulfosalze, Platinminerale und oxydische Manganminerale, sind tabellarisch gesondert dargestellt. Im eigentlichen Hauptteil (S. 34 bis 359) erfolgt die Beschreibung der erzmikroskopischen Charakteristika der Minerale. Die Einteilung entspricht der in den vorangestellten Bestimmungstabellen. In diesem Teil werden Angaben zur Farbe, Bireflexion, Anisotropie, zu den Innenreflexen, zum Reflexionsvermögen, zur Härte, zu den Verwachsungsverhältnissen und der Paragenesis gebracht. Es wäre günstig, hier noch röntgenographische Daten (d-Werte) einzufügen, da im Zweifelsfall das Ausbohren von Substanz und die Röntgenaufnahme — steht kein Mikroanalyzer zur Verfügung — doch der letzte Ausweg zur Identifikation bleibt.

Die Autoren zitieren 1739 Literaturstellen (!), so daß im Bedarfsfall im Originaltext nachgesehen werden kann. Die Tabellen repräsentieren gegenwärtig vermutlich das Optimum an in dieser Form Darstellbarem; sie können dem Interessierten zum Gebrauch wärmstens empfohlen werden.

G. TISCHENDORF

BEURLEN, K.

Geologie von Brasilien

Berlin—Stuttgart, Gebr. Borntraeger 1970. 444 S., 76 Abb., 7 Tab., 1 Karte, 156,—DM

Das als Band 9 der Beiträge zur Regionalen Geologie der Erde aus berufener Feder erschienene Werk gibt eine ausgezeichnete Übersicht über die Grundzüge der Geologie dieses Subkontinents. Seine erdgeschichtliche Entwicklung läßt sich in vier großen Etappen umreißen. Die erste umfaßt die Bildung des brasilianischen und guayanischen Grundgebirges. Bisher ermittelte Altersdatierungen ergeben überraschenderweise nur jungproterozoisches Alter. Entgegen bisherigen Ansichten konnten frühere Ären noch nicht bestätigt werden. Allerdings sind bei der Größe des Landes die bisherigen Werte noch nicht umfassend genug. Es steht fest, daß die assynthische Orogenese die Konsolidierung des Fundaments schuf. Kambro—Ordoviz fehlt. Die 2. große Etappe beginnt mit lokalen silurischen Deckgebirgsbildungen, um mit einer generellen frühdevonischen Epikontinentaltransgression ihren Höhepunkt zu erreichen. Das Permokarbon ist terrestrisch entstanden und repräsentiert die gondwanische Formationsentwicklung. Trias und Jura fehlen fast ganz. Die 3. Etappe ist mit der großen Transgression der Kreide gegeben, begleitet von einem sehr mächtigen, meist basaltischen Vulkanismus, dessen Ursache im Auseinandertriften von Afrika und Südamerika zu suchen ist. Die 4. Etappe ist durch die kräftige neogene, in das Quartär hineinreichende Hebung des Schildes mit großflächiger Entblößung des Grundgebirges gekennzeichnet. Das jugendliche Relief ist auffällig; es ist auch im großen sedimentgefüllten Amazonasbecken vorhanden. Eine Besprechung der Bodenschätze schließt das Werk ab.

Erfreulicherweise berichtet der Verf. nicht schlechthin, sondern zeigt wiederholt die Besonderheiten der Forschungsarbeit in diesem Entwicklungsland auf. Mag man auch nicht jeder Bemerkung zustimmen, so ist doch anzuerkennen, daß der Verf. weiß, daß der Nur-Wissenschaftler sich auf einer überholten Position befindet. Trotz mehrfacher Hinweise, daß der rasche Gang der Forschung das Werk bald veralten läßt, dürfte es noch auf längere Zeit recht lesenswert sein.

H. PFEIFFER

SINCLAIR, J.

Quarrying, Opencast and Alluvial Mining

Amsterdam—London—New York: Elsevier Publishing Companie Ltd. 1969. 369 S., 93 Abb., 11 Taf.

Dieses Buch wird als Hochschullehrbuch vorgestellt. Es besteht kein Zweifel, daß ein Buch über Gewinnungsmethoden von Rohstoffen im Steinbruch und Tagebau sowie über die hydraulische und submarine Gewinnung, das übersichtlich und umfassend informiert, von großem Nutzen wäre. Um die Bewältigung derartig großer Aufgaben bemühen sich gewöhnlich größere Autorenkollektive.

Hier ist von einem einzigen Autor der Versuch unternommen worden, ein angesichts der weitgehenden Spezialisierung ungewöhnlich umfangreiches Thema in einem Buch zu behandeln. Es überrascht deshalb nicht, daß in diesem Buch neben wissenswerten Angaben große Lücken klaffen.

Nach einleitenden Betrachtungen im Vorwort über die ökonomischen Vorteile des Tagebaus gegenüber dem Untertagebetrieb wird geschildert, weshalb im Tagebau mit hoher Produktivität gefördert werden kann. Dabei wird kaum Neues mitgeteilt.

In der Einführung gibt es einige Hinweise zur Entwicklung der Mechanisierung von Tagebaubetrieben, hauptsächlich amerikanischer und britischer. Die entsprechende Beschreibung der Entwicklung auf dem europäischen Kontinent kommt zu kurz und ist unvollständig. So fehlt z. B. die Förderbrückentechnologie völlig. Es folgen einige statistische, aber ebenfalls unvollständige Angaben über Tagebauvorräte und Förderzahlen.

Verfahren, die in naher Zukunft von Bedeutung sein werden, wie die Anwendung kontrollierter Kernexplosionen — genannt werden nur die Operation Ploughshare-Experimente in den USA — oder auch die Anwendung bakterieller Verfahren nicht nur für die Kupfergewinnung, sondern auch für andere Metalle, werden nur mit einem lapidaren Satz erwähnt.

Über die Gewinnung von Mangan- und Phosphoritkonkretionen sowie von roten Tonen vom Meeresboden gibt es Ausführungen zu den geschätzten Vorräten und zu den in ihnen enthaltenen Elementen (Cu, Al, Co, Ni), die z. Z. von Interesse sind. Weiter werden goldhaltige Sande, Diamanten enthaltende Kiese, Fe-, Ti- und Cr-haltige Sande und ihre submarine Gewinnung erwähnt.

Der Abschnitt „Prospektion" enthält Ausführungen über Bohrarbeiten, geophysikalische Untersuchungen (Gravimetrie, Magnetik, Seismik, Elektrische Widerstands- und Potentialverfahren), radiometrische Aufnahmen, geochemische Untersuchungen, Untersuchungen des Meeresbodens und Photogrammetrie.

Der Abschnitt über Planung und Entwicklung von Tagebauen bringt neben ökonomischen Betrachtungen auch Ausführungen zu bodenmechanischen und hydrogeologischen Problemen. An einem Beispiel wird die Tagebauplanung für die Kupfergewinnung erläutert. Bei einer langfristigen Planung unter Einbeziehung von Methoden der täglichen Übersicht und Kontrolle der Förderung sowie der Abraumbewegung spielt der Einsatz von Computern eine Rolle.

Die Entwicklung der Sand- und Kiesgewinnung unter Berücksichtigung der Konditionen, insbesondere der Bauindustrie (speziell in Großbritannien), wird bei gleichzeitiger Betrachtung der Lagerstättenverhältnisse geschildert.

Die Entwicklung der „Präproduktionsperiode" von Tagebauen (1 bis 7 Jahre!) und die Möglichkeiten, diesen Zeitraum zu verkürzen, werden anhand von Beispielen erläutert. Zur Erzielung optimaler Ergebnisse ist der Einsatz von Computern zu empfehlen. Hierbei werden Tagebaue folgender Rohstoffe aufgeführt: Quecksilber, Baryt, Kupfer, Gold, Eisen, Kupfer-Zink-Silber, Uran, Kalkstein, Blei-Zink-Silber, Gips, Molybdän, Bauxit.

Die Abschnitte über den Gebrauch von Sprengstoffen über Tage und Steinbruchbetrieb überschneiden sich thematisch. Dieser Umstand hätte didaktisch genutzt werden sollen. Da das nicht geschehen ist, fehlt hier der logische Zusammenhang, und zwar besonders im Abschnitt „Steinbruchbetrieb". Dieser macht den Eindruck der zufälligen Zusammenstellung einiger Fakten und schildert in erster Linie die britischen Verhältnisse. Die Schießarbeiten sind im Vergleich zum Umfang anderer Abschnitte recht ausführlich dargestellt.

Die Abraumbewegung umfaßt im Buch mit 43 S. einen großen Raum. Dabei erfährt der Leser, daß zwei Geräte die Hauptrolle bei der Abraumbewegung spielen, und zwar der Löffelbagger und der Seilbagger (!), und daß weiterhin eine Reihe von Hilfs- und Transportgeräten eingesetzt werden. Die damit in Zusammenhang stehenden ökonomischen Betrachtungen zum Einsatz der Geräte bringen im Gegensatz zur sonstigen Kürze prospektmäßig detaillierte Angaben wie Werbeschriften für die Geräte kapitalistischer Firmen. Diesem Reklameteil stehen die kurze Erwähnung von Anlagen und Geräten aus der UdSSR mit kaum 20 Zeilen und das völlige Fehlen von Angaben über die Abraumförderbrückentechnologie gegenüber.

Der Autor hat dem Leser durch das völlige Unterschlagen der Fakten über die hochentwickelte Tagebautechnik der Deutschen Demokratischen Republik, mit der sie ein Drittel der Weltbraunkohlenförderung bewältigt, einen Schatz von wertvollen wissenschaftlichen und technischen Kenntnissen vorenthalten.

Von einem Autor, der sich kompetent fühlt, in einem so weiten Rahmen schreiben zu können, erwartet man eine gleichmäßige, gleichbleibende Qualität der Ausführungen. Es ist offensichtlich, daß die hinsichtlich Umfang und Qualität auftretenden Disproportionen zwischen den einzelnen Kapiteln auf unterschiedlich tiefgründigen Kenntnissen des Autors beruhen.

Durch die ausschließliche Verwendung englischsprachiger Literatur hat sich der Autor selbst unnötige Beschränkungen auferlegt, die keineswegs dazu führen, diesem Buch auch tatsächlich im globalen Rahmen einen repräsentativen Rang zu sichern. Durch die dem Leser zugemutete Einschränkung der Literaturübersicht ist anhand dieses Buches ein tieferes Eindringen in die Problematik nicht möglich.

Es kann mit Zufriedenheit festgestellt werden, daß wir in der DDR geeignetere und bessere Hochschullehrbücher besitzen.

G. Magalowski

Autorenkollektiv

Ingenieurbiologische Bauweisen und Landeskultur
Ein Handbuch für die Praxis des Baubetriebes und der Projektierung

Berlin: Kammer der Technik, Berlin 1970. 353 S.

Unter Federführung von H. Linke und W. Meissner wird gemäß den Ausführungen im Vorwort „Landschaft als Inbegriff eines geosphärischen Wirkungsgefüges energetischer und stofflicher Bestände (Luft, Wasser, Boden, Klima, Vegetation und Tierwelt) bildet die natürliche Produktionsbasis und die ... Grundlage für das menschliche Wirken" eine Sammlung von sechs Anleitungen und sieben Empfehlungen für ingenieurbiologische Bauweisen und landeskulturelle Maßnahmen vorgelegt, die einem echten Bedürfnis des Ingenieurs entsprechen. Während der Geologe und Geotechniker z. B. die anthropogenen und anthropogen-geodynamischen Prozesse und Erscheinungen untersucht, ordnet, klassifiziert und bewertet, ist die Ingenieurbiologie darauf ausgerichtet, „durch ihre Bauweisen die durch ingenieurtechnische Maßnahmen entstandenen schwierigen Standorte zu meistern".

Im Vorwort werden ein allgemeiner Überblick über die Zusammenhänge „Mensch — Technik — Umwelt" und die Aufgaben der Ingenieurbiologie sowie ihre historische Entwicklung gegeben. Die 13 Empfehlungen und Anleitungen für ingenieurbiologische Maßnahmen sind den verschiedensten Bereichen der menschlichen Tätigkeit gewidmet: der Qualität, Beschaffenheit und Behandlung von Gehölzen; der Gehölzverwendung an fließenden Gewässern; dem Rasen als Bodenschutz im Erd- und Wasserbau; der Befestigung von Böschungen; der Verwendung von Weiden an Wasserläufen; den Binnenwasserstraßen; dem allgemeinen Wasserbau; der Landschaftsgestaltung an Stauanlagen; dem Küstenschutz; den landeskulturellen Maßnahmen als Folge des Braunkohlenbergbaus; dem Verkehrsbau und der Freiflächengestaltung im Bereich von Industrieanlagen.

Man findet in den einzelnen Kapiteln jeweils allgemeine Betrachtungen über die Bedeutung ingenieurbiologischer Bauweisen und anschließend bis ins Detail gehende Hinweise über die biologischen und kombinierten Verfahren unter den unterschiedlichsten bautechnischen, geologischen und geomorphologischen Bedingungen. Jedem Abschnitt schließen sich Beispiele in klaren Strichzeichnungen an. Soweit es erforderlich ist, werden Tabellen über Gehölz- und Pflanzenarten mit den wichtigsten Wuchseigenschaften und anderes mehr im Anschluß an die Empfehlungen gebracht.

Im letzten Kapitel findet man die wichtigsten Fachausdrücke und Begriffserklärungen für den Bereich Ingenieurbiologie und angrenzender Fachbereiche. Hier würde die alphabetische Anordnung das Auffinden der Fachtermini erleichtern. Ein Stichwortverzeichnis, eine Zusammenfassung, ein knappes Literatur- sowie ein Abbildungsverzeichnis beschließen die Ausführungen. In dem vorliegenden, preiswerten Buch (Paperback) ist es gelungen, Material für den Praktiker zusammenzutragen, das es ihm ermöglicht, sich schnell über die Bedeutung der Ingenieurbiologie für sein Fachgebiet zu orientieren.

Die kleine Broschüre kann jedem Geologen und Geotechniker empfohlen werden, der im Rahmen seiner Arbeit auch mit Fragen des Umweltschutzes und mit der Standortberatung für Baumaßnahmen in Berührung kommt.

F. Reuter

Duncan, N.

Engineering Geology and Rock Mechanics

London: Leonhard Hill-Verlag 1969. Vol. 1: 252 S., 12 Tab., 144 Abb.; Vol. 2: 270 S., 10 Tab., 154 Abb., Vol. 1: £ 3.00, Vol. 2: £ 3.25

Das in zwei Bänden vorliegende Werk schlägt eine Brücke zwischen der Geologie und dem Bauingenieurwesen und ist so vor allem für jene Ingenieure und Geologen geschrieben, die im Rahmen ihrer Tätigkeit mit der Untersuchung oder dem Aufschluß des Untergrunds für Zwecke des Bauwesens oder der Gewinnung konfrontiert werden, aber im allgemeinen nicht als Spezialisten auf dem Gebiet der Ingenieurgeologie tätig sind. Der Inhalt des Buches folgt in dieser Form einem echten Bedürfnis, da die Bedeutung der Geologie während der letzten Jahre in den Baugrundwissenschaften zunehmend erkannt wurde und entsprechend gestiegen ist.

Die Teilung des Buches in zwei Bände entspricht der unterschiedlichen Betrachtung von Gestein (Bd. 1) und Gebirge (Bd. 2).

In Bd. 1 werden zunächst, ausgehend von den mineralogischen und geologischen Grundlagen das Mineral und das Gestein behandelt. Sehr gelungen erscheint mir die Darstellung der Beziehungen zwischen der geologischen Beschreibung und den physikalischen Eigenschaften des behandelten Materials, was dem allgemeinen Trend zur mathematisch-physikalischen Durchdringung auch beschreibender Naturwissenschaften entspricht. In den folgenden Abschnitten werden dann eine Klassifikation auf der Grundlage geologischer und physikalischer Parameter gegeben und begründet sowie die wichtigsten physikalisch-mechanischen Eigenschaften des Gesteins beschrieben. Der zweite Teil des ersten Bandes behandelt die Agenzien und Prozesse, die die Zerstörung der Festgesteine bewirken. Eine kurze Übersicht über die Eigenschaften und die Untersuchung der wichtigsten Lockergesteine beschließt den 1. Band.

Der zweite Band ist dem Fels bzw. dem Festgebirge gewidmet. Auch hier wird, ausgehend von geologisch-tektonischen Grundlagen, die Brücke zu den physikalischen Eigenschaften des Felses in situ geschlagen. Sowohl die qualitative geologische Beschreibung als auch die Behandlung der physikalisch-mechanischen Eigenschaften und der dynamischen Untersuchungen sind klar und übersichtlich.

Der zweite Teil des zweiten Bandes ist den „Anwendungen in der Geologie, der Ingenieurgeologie und der Felsmechanik" gewidmet. Es werden viele grundsätzliche praktische Probleme aus dem Bereich der Ingenieurgeologie, z. B. Grundwasserversorgung, Tragfähigkeit und Gründungen, Standsicherheit von Böschungen, Rutschungen, Fels als Baumaterial u. a., behandelt. In einem abschließenden Kapitel werden wichtige Beispiele aus der Ingenieurpraxis beschrieben, wie Bohren, Grundwasserabsenkungen, Drainagen, Vergütungen, Verankerungen u. a. m.

Das vorliegende Buch entspricht voll der vorgegebenen Aufgabe. Es kann wegen seiner klaren Sprache durchaus auch solchen Fachgenossen der Geologie und des Ingenieurwesens empfohlen werden, die nur wenig Praxis in der englischen Sprache haben.

F. Reuter

Kausch, P.

Der Meeresbergbau im Völkerrecht

Darstellung der juristischen Probleme unter Berücksichtigung der technischen Grundlagen

Band 4 der Schriftenreihe Bergbau—Rohstoffe—Energie, Verlag „Glückauf", Essen 1970. 142 S., 26 Abb. bzw. Zeichentaf., 9 Anlagen (tabellarische Zusammenstellungen)

Im Zusammenhang mit dem ständig zunehmenden Erforschungsgrad der mineralischen Rohstoffe des Meeres erlangen die rechtlichen Probleme ihrer Nutzung wachsendes Interesse. Der Verf. hat sich bemüht, die gegenwärtig auf diesem Gebiet vorhandenen Rechtsgrundlagen zusammenzustellen und für die noch offenen Fragen Vorstellungen und Gedanken von Vertretern kapitalistischer Staaten zu interpretieren.

Einleitend wird ein kurzer und sehr allgemein gehaltener Überblick über die Geologie der mineralischen Rohstoffe des Meeres und über die technischen Möglichkeiten und Voraussetzungen für ihre Nutzung gegeben.

Im Teil „Staatenpraxis" behandelt der Verf. anschließend prinzipielle Fragen des Bergrechts in einer Reihe von kapitalistischen Staaten und bereits praktizierte nationale Gesetzregelungen für Explorations- und Gewinnungskonzessionen in den der Küste vorgelagerten Gebieten. Daran anschließend werden die Genfer Konventionen über die Nutzung von mineralischen Rohstoffen im Bereich des Festlandsockels erläutert und verschiedene, damit verbundene Probleme herausgearbeitet.

Insbesondere versucht der Autor, die sehr unterschiedlichen Standpunkte hinsichtlich der Lösung der in den Genfer Übereinkommen offengebliebenen Fragen darzustellen. Sein einseitiger Standpunkt wird dadurch deutlich, daß die Bemühungen der UNO um eine Klärung der Probleme als „Tauziehen" bezeichnet werden. Weiter ist auch nach seiner Meinung „die Aufteilung der Ostsee zwischen der BRD und der DDR sehr problematisch, da die DDR völkerrechtlich nicht anerkannt ist". Hier bleibt völlig unberücksichtigt, daß die DDR in einer Proklamation die Grenzen ihres Festlandsockels bereits exakt entsprechend den internationalen Übereinkommen festgelegt und mit der VR Polen z. B. schon sehr konkrete vertraglich geregelte Abgrenzungen getroffen hat.

Im abschließenden Kapitel werden die Fragen der rechtlichen Grundlagen für die Gewinnung von mineralischen Rohstoffen im offenen Ozean behandelt. Dabei wird eindeutig unter dem Deckmantel der „Freiheit des Meeresbergbaues" die These propagiert, daß das Recht der Ausbeutung von mineralischen Rohstoffen im offenen Ozean demjenigen zustehen soll, der sie entdeckt und zuerst die technischen Voraussetzungen für ihre Gewinnung getroffen hat. Völlig unerwähnt bleiben die vielfältigen sowjetischen Bemühungen, internationale Vereinbarungen über die gemeinsame Nutzung der Bodenschätze des Meeres herbeizuführen.

Ergänzt wird die Arbeit durch eine Reihe von Anlagen, die ein übersichtliches Bild über die gegenwärtig von verschiedenen, überwiegend nichtsozialistischen Staaten geübte Praxis hinsichtlich der Festlegung der Grenzen ihrer Rechtshoheit bzw. die von westlichen Experten zu dieser Problematik geäußerten Vorstellungen geben. Die sehr weit auseinandergehenden Auffassungen werden sichtbar gemacht.

H. Hetzer

Maack, R.

Kontinentaldrift und Geologie des südatlantischen Ozeans

Berlin: Walter de Gruyter & Co. 1969. 164 S., 98 Abb., 1 Taf., 36,—DM

Afrika und Südamerika liefern mit der Parallelität ihrer atlantischen Küsten und mit der Ähnlichkeit ihrer geologischen Entwicklung die anschaulichsten Hinweise auf den einstigen Zusammenhang und die spätere Drift von Kontinenten. Die jungpaläozoischen Vereisungsspuren und das Streichen der Strukturlinien im Kristallin wurden schon in Wegeners Buch von 1915 als Argument benutzt. Geologen der Südkontinente haben daher auch in den Jahren an der Driftvorstellung festgehalten, als diese in Europa und Nordamerika nahezu allgemein abgelehnt wurde.

Die Wiederbelebung und Weiterentwicklung der Drifttheorie seit dem Ende der fünfziger Jahre ging in erster Linie von den Ergebnissen der Paläomagnetik aus. Aber auch die rasch voranschreitende geologische Erforschung der Randkontinente auf beiden Seiten des Südatlantiks, an der Maack mit langjährigen eigenen Forschungen beteiligt war, trug wichtige Gesichtspunkte bei. In dem vorliegenden Buch sind die Daten über die geologische Entwicklung dieses Raums zusammengestellt, um seinen Werdegang zu belegen und darzustellen. Der umfangreiche Stoff erforderte eine Konzentration auf die Beschreibung der wichtigsten Phänomene.

Dem Einleitungskapitel, das allgemeinen Problemen der Kontinentaldrift gewidmet ist, folgt der Hauptteil des Buches unter dem Titel „Die Grundzüge der Entwicklung des Südatlantik". Dieser Titel entspricht ebensowenig wie der des Buches dem Inhalt, da nicht der Ozean behandelt wird, sondern Südamerika und Afrika, also der kontinentale Rahmen des heutigen Südatlantiks unter Berücksichtigung auch der übrigen Südkontinente. Nacheinander werden das Präkambrium, das Altpaläozoikum, der Gondwanakomplex, die obertriassischen Wüstenbildungen und der Gondwanavulkanismus besprochen. Die engen Beziehungen zwischen Südamerika und Afrika, vor allem die jungpräkambrische und die paläozoische Vereisung, lassen den Schluß zu, daß bis zum älteren Mesozoikum kein Südatlantik bestanden hat. Unter dem Titel „Die Entstehung des südatlantischen Ozeans" befaßt sich das 3. Kap. mit dem Aufreißen des südatlantischen Lineaments, der Bildung von unterkretazischen Süßwasserbecken, dem in der höheren Kreide erfolgten Eindringen des Meeres und mit seinem Durchbruch in der höheren Oberkreide. Die Trennung der beiden Kontinente wurde von einem atlantischen Alkalimagmatismus begleitet. Demgegenüber hatte der altmesozoische Trappvulkanismus pazifischen Charakter.

Das Schlußkapitel „Der Südatlantik in der Endphase seiner Entwicklung" ist der Beschreibung der Inseln und ihres Gesteinsbestands, dem Alkalivulkanismus in Afrika und Südamerika, den Hebungen der südamerikanischen Atlantikküste, dem Relief des Ozeanbodens und den Ursachen der Kontinentaldrift gewidmet. Nach Maack sind neben Polverlagerungen und Konvektionsströmungen auch Polfluchtkraft und Gezeitenreibung von Bedeutung.

Die geologische Entwicklung des zur Diskussion stehenden Raums wird durch 12 paläogeographische Karten und eine Vergleichstabelle der Gondwanaschichten veranschaulicht. Angaben über radiometrische Altersdatierungen und Paläopollagen sind im Text verstreut. Ferner ist ein schematischer geologischer Schnitt durch Südamerika, Südatlantik und Afrika beigegeben. 84 Fotos, fast ausschließlich aus Südamerika und Afrika, stellen Morphologie und Gesteinstypen dar und demonstrieren die weitgehende Übereinstimmung zwischen beiden Kontinenten. Das Literaturverzeichnis umfaßt 353 Titel, davon etwa die Hälfte aus dem Zeitraum 1961 bis 1967 und etwa ein Drittel aus dem Zeitraum 1951 bis 1960. Der Rest umfaßt Veröffentlichungen aus den Jahren 1921 bis 1950 sowie WEGENERS Werke von 1912 und 1915.

Einige nicht zu übersehende Mängel des Textes erschweren leider die Lektüre etwas. Es gibt beispielsweise Inkonsequenzen in der Einteilung des Stoffs, verschiedene zumindest unklare Formulierungen, überholte Alterseinstufungen (Präkambrium im südlichen Afrika). Trotz dieser Feststellung ist das Buch als Leitfaden für die Beschäftigung mit der Geologie der beiden Driftkontinente Südamerika und Afrika wertvoll und zu empfehlen. E. SCHROEDER

PRESCHER, H. (Herausgeber)

Abhandlungen des Staatlichen Museums für Mineralogie und Geologie zu Dresden. Band 14

Dresden: Verlag Theodor Steinkopff 1969. 252 S., 67 Abb., 1 Ausschlagtaf., 22,— M

Der Band 14 des Staatlichen Museums für Mineralogie und Geologie zu Dresden enthält zwei Arbeiten grundlegend verschiedener Thematik. Im ersten Beitrag behandelt W. FISCHER „Abbau und Bearbeitung des Porphyrtuffs auf dem Rochlitzer Berg (Sachsen) — Gedanken über die Herkunft der Steinbruchtechnik", im zweiten F. WIEDEMANN „Petrographie und Petrogenese der Gneise und Glimmerschiefer des Sächsischen Erzgebirges".

Der Artikel W. FISCHERS erscheint meines Erachtens in einer geowissenschaftlichen Abhandlung, selbst wenn man den Begriff Geowissenschaften sehr weit faßt, zumindest in vorliegendem Umfang (über 100 Seiten) etwas deplaciert. Die zweifelsohne interessanten Ausführungen des durch seine zahlreichen geologiegeschichtlichen Arbeiten bekannten Autors über die seit dem Altertum angewandte und heute auf dem Rochlitzer Berg noch übliche Schrottechnik mit den eingehenden Beschreibungen der alten und neuen Werkzeuge sprechen letztlich doch wohl mehr den Heimatfreund im allgemeinen und den Steinmetz im besonderen als weitere Kreise von Geologen an.

Der Beitrag von F. WIEDEMANN behandelt recht ausführlich mineralfazielle Ausbildung und Petrogenese der metamorphen Gesteinsglieder des Gneiskerns und des diesen umgebenden Schiefermantels des Erzgebirgskristallins. Kennzeichnend für den Gesamtkomplex ist die relative Uniformität in der Mineralführung. Typomorphe Minerale fehlen weitgehend. Nach genetischen Aspekten wird zwischen Orthogneisen, Paragneisen und Biotitgneisen unsicherer Entstehung unterschieden. Innerhalb dieser Gruppen treten zusätzlich sogenannte Chorismite (neutrale Bezeichnung für bestimmte Metamorphite unterschiedlicher Genese) auf. Zu den Orthogneisen des Gneiskerns gehören vor allem die Rotgneise. Sie leiten sich hauptsächlich von Adamelliten bis Granodioriten ab. Die ihnen gegenüberstehenden Paragneise gehen auf Grauwacken bis Arkosen zurück, wobei sowohl im Gefüge als auch im Stoffbestand Unterschiede zwischen dem Ost- und Westerzgebirge bestehen. Zu den Biotitgneisen unsicherer Entstehung gehören u. a. der Freiberger Zentralgneis sowie die Gneise von Mulda und Lauenstein—Fürstenwalde. Im Gegensatz zur recht eintönigen Entwicklung des Gneiskerns zeichnen sich die Gesteine des Schiefermantels durch wesentlich größere Heterogenität aus. Auffällig ist insbesondere die starke Beteiligung von Glimmerschiefern. Die Unterschiede zwischen dem Gneiskern und der Schieferhülle werden auf verschiedenartige Sedimentationsbedingungen zurückgeführt, die gleichzeitig die Annahme einer Altersdifferenz zwischen beiden Einheiten stützen. D. FRANKE

Neuerscheinungen und Literaturhinweise

BARTH, T.

Die Entstehung der Gesteine. Ein Lehrbuch der Petrogenese
Berlin — Heidelberg — New-York: Springer-Verlag 1970. 422 S., getr. Lit.

BRAITSCH, O.

Entstehung und Stoffbestand der Salzlagerstätten
Berlin — Heidelberg — New-York: Springer-Verlag 1971. 297 S.

BROBST, D. A.

Barite: world production, reserve, and future prospects
(Geol. Surv. Bull. 1321), Washington 1970. 46 S., 6. S. Lit.

COHEE, G. V., u. a.

Changes in stratigraphic nomenclature by the U.S. Geol. Surv. 1969
(Geol. Surv. Bull. 1324-A), Washington 1970. 41 S., 8 S. Lit.

...

Fragen der Untertagehydromechanik
Kasan: Verlag Kasansk. Uni. 1970. 196 S.

...

Geochemie und Geologie einiger Erzlagerstätten
Moskau: Verlag Nauka 1970. 199 S., getr. Lit.

POLJAKOW, A. I.

Die Geochemie des Thoriums in den Alkaligesteinen der Halbinsel Kola
Moskau: Verlag Nauka 1970. 165 S., 171 Lit.

OWSINNIKOW, A. M.

Hydrogeochemie
Moskau: Verlag Nedra 1970. 190 S., 196 Lit.

GOWOROWA, G. L.

Ausbeutung der Erdöllagerstätten in den USA
Moskau: Verlag Nedra 1970. 272 S., 51 Abb., 58 Tab.

GORBENKO, L. A., & W. A. LUSKIN

Entnahme von Gesteins- und Flüssigkeitsproben aus produktiven Schichten in Bohrlöchern
Moskau: Verlag Nedra 1970. 148 S., 29 Lit.

...

Grundlegende Aspekte der Erdölgeochemie
Moskau: Verlag Nedra 1970. 384 S., 130 Abb., 74 Tab.

POPOW, G. N., & D. P. LOPANOW

Der Abbau von Lagerstätten radioaktiver Erze
Moskau: Atomisdat 1970. 325 S., 46 Lit.

...

Metasomatische Probleme
Moskau: Verlag Nedra 1970. 391 S., 428 Lit.

SUKOLJUKOW, Ju. A.

Die Urankernspaltung in der Natur
Moskau: Atomisdat 1970. 269 S., 315 Lit.

SOSON, M. N., u. a.

Grundlagen der industriellen Erkundung von Erdgaslagern für die effektive Vorbereitung der Vorräte
Moskau: Verlag Nedra 1970. 147 S., 56 Lit.

WLASOW, A. G.

Die Infrarotspektren der Alkalisilikate
Leningrad: Verlag Chimija 1970. 343 S. getr. Lit.

Informationen

Entwicklung der Erdgasindustrie in der UdSSR

Auf dem VIII. Internationalen Erdölkongreß wurden die Erdgasvorräte der Welt prognostisch — vielleicht etwas zu hoch — auf mindestens 900 Bill. m³ geschätzt. Davon entfallen reichlich 25% auf die UdSSR. Im großen und ganzen können die potentiellen Erdgasvorräte in der UdSSR auf rund 150 Billionen m³ geschätzt werden. Noch vor neun bis zehn Jahren betrugen die industriell verwertbaren Erdgasvorräte der UdSSR kaum 2,5 Billionen m³. Seitdem wurden in verschiedenen Gegenden des Landes neue, beträchtliche und industriell verwertbare Lagerstätten erkundet. Besonders ergebnisreich war die Suche nach Erdgas in den Gebieten Westsibiriens, des Nordwestens der UdSSR, des Urals und Mittelasiens. Bedeutende Funde in den Gebieten Tjumen und Orenburg, in der ASSR der Komi, in Westusbekistan und Ostturkmenien führten dazu, daß die nach industriellen Kategorien erkundeten Vorräte an Erdgas zu Beginn des Jahres 1970 mit über 12 Billionen m³ beziffert werden konnten.

Etwa 70% der prognostizierten Erdölvorräte und rund 75% von Erdgas sind im E des Landes konzentriert. Dabei beträgt der Brennstoff- und Energiebedarf der östlichen Gebiete nur reichlich 20% des Landesbedarfs. Deshalb ist die Deckung des zunehmenden Bedarfs der europäischen Gebiete an Brennstoffen und Energie für die Volkswirtschaft besonders wichtig. Im Zeitraum von 8 bis 10 Jahren wurde die Sowjetunion zu einem Land mit hochentwickelter Gasindustrie. Der Bau des einheitlichen Gasversorgungssystems für den europäischen Landesteil ist im wesentlichen abgeschlossen. Hier laufen die Gasversorgungssysteme des Urals, Mittelasiens und Kasachstans zusammen. Das Gesamtsystem hat eine Länge von gut 60000 km. Dazu gehören mehrere hundert Lagerstätten. 1970 erreichte die Erdgasförderung in der Sowjetunion 195 Mrd. m³.

Erdgas in Österreich aus übertiefen Lagerstätten

Hat man in Österreich die ersten Erdgasfunde in Teufen von 200 bis 500 m erbohrt, so wurden vor mehr als zehn Jahren in etwa 3000 m Teufe die ersten Erdgaslagerstätten entdeckt. Von da ab steigerte sich die Suche nach tiefliegenden Lagerstätten. Den Höhepunkt erreichte die Entwicklung vorläufig mit der übertiefen Aufschlußbohrung „Schönkirchen T 32" im Raume Gänserndorf. Diese Bohrung erbrachte mit ihrer Endteufe von 6009 m den derzeitigen österreichischen Tiefbohrrekord und traf zwischen 4800 m und 5300 m eine Lagerstätte an, die in klüftigem Dolomit und Dolomitbrekzien der Oberkreide etwa 80% Methan, 2% H_2S, 14% CO_2 und höhere Kohlenwasserstoffe bei einem Lagerstättendruck von über 600 atü enthält.

Die Produktionsergebnisse gestalteten sich so erfolgversprechend, daß unmittelbar danach die Bohrung „Schönkirchen T 42" angesetzt wurde, die die gleiche Lagerstätte in noch größerer Teufe, nämlich in 5500 m antraf. Sie kann derzeit als die tiefste Fördersonde Europas angesehen werden. Fördermedium, Druck und Temperatur (die Anwesenheit von H_2S führt bei hochwertigen Stählen zur Versprödung; Lagerstättentemperatur 160 °C, Lagerstättendruck über 600 atü) stellten sehr hohe Anforderungen an das Material der Sondenausrüstung und die obertägigen Produktionsanlagen.

Mit diesem Fund steht Österreich ganz vorn im internationalen Trend nach dem Aufschluß tiefer Lagerstätten. Die bisherigen Produktionsergebnisse haben dazu ermutigt, trotz der hohen Kosten in diesen Teufen weiter nach Erdgas zu suchen.

Tendenzen der Weltkohlenproduktion 1970

Die Weltkohlenfördermenge 1970 ist um 117 Mill. t gestiegen. Gegenüber 1969 mit 2,826 Mrd. t hat sie um 4% zugenommen und erreichte 2,943 Mrd. t. An der Spitze der kohlefördernden Nationen liegt die UdSSR mit 640 Mill. t/a, gefolgt von den USA mit 543, 7 Mill. t/a und der Volksrepublik China mit schätzungsweise 360 Mill. t/a. Während in diesen Ländern eine Zunahme der Fördermenge zu verzeichnen war, ging im gleichen Zeitraum die Fördermenge in den Ländern der Montanunion trotz unveränderter Nachfrage um 6,4 Mill. t oder 3,6% auf 170,5 Mill. t zurück. Dies ist im wesentlichen auf die Stillegung von Schachtanlagen im niederländischen, belgischen und französischen Steinkohlenbergbau im Jahr zuvor zurückzuführen. Die Steinkohlenförderung verminderte sich in den Niederlanden um 21%, in Belgien um 14% und in Frankreich um 8%. In Belgien wirkte sich zusätzlich der Streik im Revier Kempenland zu Beginn des Jahres 1970 aus.

Die Steinkohlenförderung Westdeutschlands blieb demgegenüber nahezu unverändert. Ihr Anteil an der Gesamtförderung der Gemeinschaft belief sich 1970 auf fast 70% gegenüber 62% im Jahre 1967.

Geplante Kohlenproduktion in der UdSSR

Die Kohleförderung soll 1980 950 Mill. t betragen. Dabei wird die Förderung im Donezbecken von 206,2 Mill. t (1965) auf 262,0 Mill. t (1980), im Petschoragebiet von 18 auf 25 Mill. t und im Süduralrevier von 6,7 auf 9,0 Mill. t zunehmen. Für das Moskauer Kohlenrevier ist eine Verringerung der Förderung von 40,8 auf 25,0 Mill. t, im Revier Tscheljabinsk von 23,7 auf 12,0 Mill. t und im Revier Swerdlowsk von 21,2 auf 6,0 Mill. t (1980) vorgesehen. Insgesamt soll damit die Kohleförderung im europäischen Teil der UdSSR einschließlich Ural von 350,0 Mill. t (1965) auf lediglich 370,0 Mill. t (1980) steigen.

USA und UdSSR wollen Kohlenproduktion erheblich steigern

Sowohl die USA als auch die UdSSR streben in den kommenden Jahren eine erhebliche Steigerung ihrer Kohlenfördermenge an. In der UdSSR soll laut Perspektivplan die Fördermenge von augenblicklich 624 Mill. t/a bis 1975 auf rd. 700 Mill. t/a Steinkohle ansteigen. Der Abbau neuer Kohlenlagerstätten in Sibirien, überwiegend im Tagebau, wird eine kostengünstige und schnelle Steigerung der Produktion ermöglichen. Auch in den USA soll die gegenwärtige Fördermenge von 544 Mill. t/a bis Ende 1971 um 60 Mill. t angehoben werden. Trotz dieser Produktionssteigerung haben die USA ihren Kokskohlenexport nach Japan eingeschränkt, da die Kokskohle vordringlich für die eigene Stahlindustrie benötigt wird.

Der Kohlenbergbau der BRD

1970 wurden in der BRD 11,3 Mill. t Steinkohlen gefördert. Damit blieb das Förderergebnis um 0,4 Mill. t oder 0,3% unter dem des Vorjahrs. Im fördertäglichen Durchschnitt ging die Steinkohlenförderung von 441100 t im Jahre 1969 auf 438800 im Berichtsjahr zurück.

Die Braunkohlenförderung, die in den Jahren 1968 und 1969 eine starke Aufwärtsentwicklung erlebt hatte, hat auch im Berichtszeitraum etwas zugenommen. Es wurden insgesamt 107,8 Mill. t Braunkohlen gewonnen, davon allein im rheinischen Revier 93,0 Mill. t. Gegenüber einem Ansteigen der Produktion im rheinischen und im hessischen Revier ging die von Helmstedt und Bayern etwas zurück. Der arbeitstägliche Durchschnitt hat sich dabei gegenüber früher nicht verändert und blieb bei 356800 t. Von der Rohbraunkohlenförderung wurden 72% der Verstromung und 23% der Brikettierung zugeführt.

Im bayerischen Pechkohlenbergbau soll die Produktion mit der letzten noch in Betrieb befindlichen Grube von Peißenberg 1971 auslaufen. Die Gesamtförderung ging von 1969 mit 763000 t auf 671000 im Jahre 1970 oder um 12% zurück. Der arbeitstägliche Durchschnitt belief sich auf 2200 t Pechkohlen.

Braunkohlenproduktion in der BRD

Ab 1975 sollen in der BRD 110 Mill. t/a Braunkohle gefördert werden. Nach den Jahren der Rezession beginnt die Braunkohlenfördermenge seit 1968 wieder zu steigen. Nach Angaben von Fachleuten ist der Anstieg der Fördermenge in erster Linie auf die verstärkten Lieferungen an die Kraftwerke des RWE zurückzuführen. Um den ständig steigenden Bedarf an Braunkohle zu decken, muß die Produktion in der folgenden Zeit erheblich gesteigert werden.

Nach dem derzeitigen Stand der Planung wird sie in der zweiten Hälfte der siebziger Jahre pro Jahr die obengenannte Höhe erreichen und damit um 2% über der Fördermenge des Jahres 1970 liegen.

Die bulgarische Kupfererzlagerstätte Medet

Die Kupfererzlagerstätte Medet ist eine echte Porphyrkupferlagerstätte. Primärerze sind Kupferkies, Pyrit und Molybdänit im Quarz-Monzonit- und Quarz-Diorit-Porphyr. Der durchschnittliche Erzgehalt beträgt 0,36% Cu, 0,008% Mo und 1,0 bis 1,2% S, wobei die Bauwürdigkeitsgrenze bei 0,18% Cu liegt. Die Erzvorräte sind größer als 150 Mill. t. In der Aufbereitung beträgt das Kupferausbringen 81,5%, das Molybdänausbringen 26,3%.

Bauxit in der SFR Jugoslawien

Bei der bosnischen Stadt Vlasenice wurden die bedeutendsten Bauxitlagerstätten Europas entdeckt. Die Al_2O_3-Gehalte betragen 54 bis 60% bei nur geringem Siliziumgehalt. Die bereits in Aufschluß befindlichen Tagebaue sollen eine Jahresförderung von 1 Mill. t Bauxit erbringen, wobei eine Erhöhung um 500000 t/a erwogen wird. Damit sollen eine Tonerdeproduktion von 600000 t/a und eine Aluminiumproduktion von 300000 t/a gesichert werden.

Das jugoslawische Grubenunternehmen Boksiti hat 1971 in Niksic ungefähr 350000 t Bauxit abgebaut. Das sind rd. 11% mehr als 1970. Der größte Teil des Bauxits ist für den Export bestimmt. Ein weiterer Ausbau der Bauxitgrube ist im Gange. Bis 1972 soll eine Förderleistung von 750000 t/a erreicht werden. Die Vorräte werden von jugoslawischen Geologen auf etwa 200 Mill. t Bauxit geschätzt.

Warschauer-Pakt-Staaten und europäische Industrieproduktion

Wenn die gesamte Industrieproduktion der europäischen Staaten mit 100 in Anschlag gebracht wird, hatten im Jahre 1969 die Länder des Warschauer Vertrags daran folgenden Anteil: an Elektroenergie 46,1%; an Energierohstoffen 74,1%; an Rohstahl 48,8%; an Zinkerz 54,8%, an Kupfererz 83,2%; an Bleierz 58,6%; an Rohaluminium 42,8%; an Rohschwefel 61,4%; an Kunststoffen 19,6% und an Zement 43,3%. Mit anderen Worten: Auf die Mitgliedsländer des Warschauer Vertrags entfielen im Jahre 1969 in einer Reihe von Produktionszweigen fast die Hälfte der europäischen Gesamtproduktion und in vielen anderen Zweigen Dreiviertel der Industrieproduktion Europas.

UdSSR gewinnt mineralische Rohstoffe aus dem Meer

Vor einigen Monaten hat die UdSSR mit der Erschließung von Erzlagerstätten im küstennahen und küstenfernen Bereich begonnen. Erste großtechnische Versuche wurden im Ochotskischen Meer unweit der Kurilen unternommen, wo mittels Spezialschiffen Titan- und Magneteisenerze vom Meeresgrund gewonnen werden.

Für den Schelfbereich der sowjetischen Ostseeküste wurde ein unterseeischer Bergbaubetrieb für die Gewinnung von Titan projektiert, der in den nächsten zwei Jahren mit der Produktion beginnen soll. Durch einen Saugbagger werden 20000 m^3/h Seesand einer Aufbereitungsanlage zugeführt. Durch starke Elektromagnete werden Ilmenit, Titan- und Magneteisenerze aus dem Sand extrahiert. Die Gewinnungskosten liegen unter der Hälfte der an Land üblichen Abbauarbeiten.

Industrielle Herstellung synthetischer Diamanten

Die Herstellung technischer Diamanten vom Typ „Ballas" hat das Moskauer Kombinat „Harte Legierungen" aufgenommen. Die Güte der schwarzgrauen 2 bis 5 mm großen Kügelchen unterscheidet sich in nichts von den Eigenschaften der Naturdiamanten. Die künstlichen Diamanten entstehen in einer Druckkammer bei einem Druck von mehreren zehntausend Kilopond und bei hoher Temperatur. Die Technologie der Diamantenherstellung wurde in Gemeinschaftsarbeit von Spezialisten des Kombinats und Wissenschaftlern des Instituts für Physik hoher Drücke der Akademie der Wissenschaften der UdSSR und der Moskauer Universität ausgearbeitet. Die gewonnenen Diamanten werden bei der Herstellung von Feindraht sowie für Werkzeuge verwendet.

Elektrizität durch Atomexplosionen

Die US-Atomenergiebehörde prüft gegenwärtig die Frage, ob sich elektrischer Strom mit Hilfe unterirdischer Atomexplosionen erzeugen läßt. Es bestehen Pläne, mit Atombomben in 2000 bis 3000 m Teufe Höhlen in die Erde zu sprengen und diese dann mit Wasser vollzupumpen. Da nach einer Atomexplosion in solchen Kavernen Temperaturen von mehreren tausend Grad herrschen, würde sich das Wasser sofort in Dampf verwandeln, der Turbinen zugeleitet werden könnte.

Kurznachrichten

Ende 1970 wurde zwischen der **UdSSR** und der **ČSSR** ein Vertrag über die **Erdgastransitpipeline** unterzeichnet, die sowjetisches Erdgas nach Österreich, Italien, der BRD und in die DDR transportiert. Eine Abzweigung führt über Schwechat bei Wien nach Italien, eine zweite über Weiden nach Bayern, eine dritte nach Böhlen. Die Transportkapazität soll 28 Mrd. m^3/a betragen.

Nach Ansicht sowjetischer Geologen liegen unter der Eisdecke der Arktis die reichsten **Erdöl- und Erdgaslagerstätten** der Welt. Untersuchungen haben ergeben, daß die Senken des Nordpolarmeeres aus 15 km mächtigen Sedimentschichten bestehen. Als besonders aussichtsreich gilt die Barentssee.

Ende des vergangenen Jahres hat **Brasilien** mit der **Urangewinnung** begonnen. Bei Pocos de Calldas wurde uranhaltiges Erz gefunden, das wirtschaftlich abgebaut werden kann. Die bisher bekannten Reserven sollen so umfangreich sein, daß damit vorerst ein Reaktor für die Stromerzeugung gespeist werden kann. Ab 1973 sollen 100 t/a Uranerz gewonnen werden.

Bei Koshikode im Staate Kerala **(Indien)** wurden **Eisenerzlagerstätten** entdeckt, deren Inhalt auf 330 Mill. t geschätzt wird. Auf Grund von Untersuchungen sollen aber zunächst nur 7,48 Mill. t bauwürdige Vorräte mit 30,7% Fe-Gehalt abgebaut werden.

Aus **Australien** wird ein neuer **Nickelerzfund** aus dem Westteil des Landes gemeldet. Es handelt sich um eine Lagerstätte bei Spangoville, deren Inhalt auf 715000 short tons mit einem durchschnittlichen Ni-Gehalt von 2,47% und einem Cu-Gehalt von 0,23% geschätzt wird. Es ist beschlossen, an der Fundstelle einen Schacht abzuteufen.

Nach Angaben des Präsidenten der Gesellschaft zur Erforschung der Erzlagerstätten in **Brasilien** werden die im Territorium von Rondonia entdeckten **Zinnlagerstätten** auf 10 Mill. t Erz geschätzt. Durch ihren Abbau könnte Brasilien zum größten Zinnlieferanten der Welt werden. Gegenwärtig sind auf der ganzen Erde Zinnlagerstätten mit 7,6 Mill. t Erzinhalt bekannt.

In der **Turkmenischen SSR** sind in der Transkaspischen Niederung jod- und **bromhaltige Grundwässer** entdeckt worden. Vorläufige Berechnungen lassen auf eine hohe Ergiebigkeit schließen. Voraussichtlich kann künftig der überwiegende Teil des Gesamtbedarfs der UdSSR an Jod und Brom aus diesen neuen Quellen gedeckt werden.

Ein neues **Gezeitenkraftwerk** wird in der **Sowjetunion** in der Nähe von Archangelsk errichtet. Die Kapazität soll eine Million kW erreichen. Das erste Kraftwerk dieser Art in der UdSSR war 1968 in der Kislajabucht an der Barentssee in Betrieb genommen worden.

Im kommenden Fünfjahrplan der **UdSSR** wird sich die geologische Erkundung auf die **Sicherstellung des Vorratszuwachses** mineralischer Rohstoffe konzentrieren, und zwar bei Erdöl 5 Mrd. t, Erdgas 8 Billionen m^3, Eisenerz 8 Mrd. t, Apatit 500 Mill. t und Phosphorite 550 Mill. t.

Herausgeber: Prof. Dr. Karl Schmidt, Direktor des Zentralen Geologischen Instituts im Auftrag des Staatssekretariats für Geologie beim Ministerrat der Deutschen Demokratischen Republik. Für die kollektive Chefredaktion: Dr. K. Kauter (Redaktionssekretär), Berlin. Redaktion: 1054 Berlin, Kastanienallee 69 (Fernsprecher 226 20 80 und 226 20 81). Verlag: Akademie-Verlag GmbH, 108 Berlin, Leipziger Straße 3–4 (Fernsprecher 22 04 41, Telex 011 20 20, Postscheckkonto: Berlin 350 21). Bestellnummer des Heftes 1047/18/2. Alleinige Anzeigenannahme DEWAG-WERBUNG, 102 Berlin, Rosenthaler Str. 28–31, und alle DEWAG-Betriebe in den Bezirksstädten der DDR. Exportpreis: 6,– M, Sonderpreis für die DDR: 2,– M je Heft. – Satz und Druck: VEB Druckhaus „Maxim Gorki“, 74 Altenburg. Veröffentlicht unter der Lizenznummer 1279 des Presseamtes beim Vorsitzenden des Ministerrates der Deutschen Demokratischen Republik.

ABHANDLUNGEN

des Zentralen Geologischen Instituts

Bisher erschienen

D. Franke

Stratigraphisches Korrelationsschema für das Silur der Deutschen Demokratischen Republik und angrenzender Gebiete

1964 – 36 Seiten – Anlageband mit 6 Tabellen – Halbleinen M 10,–

Heft 1

10 Jahre Paläontologie. Bericht über das Jubiläums-Kolloquium des Bereiches Paläontologie im Zentralen Geologischen Institut

1965 – 313 Seiten – 12 Abbildungen – 8 Tabellen – 24 Bildtafeln – Halbleinen M 15,–

Heft 2

H. Kado, F. Reuter, G. Bachmann

Die ingenieurgeologischen Eigenschaften der wichtigsten Lockergesteine der DDR unter Berücksichtigung ihrer Genese und physikalischen Kennzahlen

1966 – 134 Seiten – 107 Abbildungen – 15 Tabellen – Anlageband – Halbleinen M 15,–

Heft 3

Kolloquium aus Anlaß des 15jährigen Bestehens der Arbeitsgruppen Ingenieurgeologie am 20. und 21. Mai 1965 in Berlin

1965 – 97 Seiten – 2 Karten – 22 Abbildungen – 6 Tabellen – Halbleinen M 15,–

Heft 4

D. Rau

Untersuchungen zur Morphologie und Genese der Lößböden im Thüringer Becken

1965 – 71 Seiten – 12 Abbildungen – 14 Tabellen – Halbleinen M 10,–

Heft 5

I. Diener

Stratigraphisches Korrelationsschema für die Kreide der Deutschen Demokratischen Republik und angrenzender Gebiete

1966 – 137 Seiten – 6 Abbildungen – 3 Text-Tabellen – 12 Anlagen-Tabellen – Halbleinen M 15,–

Heft 6

H. Pfeiffer

Stratigraphisches Korrelationsschema für das Devon der Deutschen Demokratischen Republik und angrenzender Gebiete

1967 – X und 74 Seiten – 1 Abbildung – 4 Text-Tabellen – 5 Anlagen-Tabellen – 1 mehrfarbiges Profil – Halbleinen M 15,–

Heft 8

H. Döring, W. Krutzsch, D. H. Mai, E. Schulz

Erläuterung zu den sporenstratigraphischen Tabellen vom Zechstein bis zum Oligozän

1966 – 149 Seiten – 8 Anlagen-Tabellen – Halbleinen M 15,–

Heft 9

Instruktion für die Anfertigung einheitlicher ingenieurgeologischer Grundkarten

1967 – VIII und 35 Seiten – Farb- und Zeichenerklärung – 9 Anlagen – Halbleinen M 15,–

Heft 10

Klimaänderungen im Tertiär aus paläobotanischer Sicht

1967 – LII und 228 Seiten – 28 Abbildungen – 11 Bildtafeln – Halbleinen M 30,–

Heft 11

H. Kästner

Zur Geologie der Kalisalz- und Kohlensäurelagerstätten im südlichen Werra-Kaligebiet

1969 – XI und 96 Seiten – 23 Abbildungen – 2 Tabellen – Halbleinen M 25,–

Heft 13

P. Puff

Über den Unteren Buntsandstein am Südrand des Thüringer Beckens

1969 – VII und 97 Seiten – 25 Abbildungen – 13 Tabellen – Halbleinen M 25,–

Heft 14

Autorenkollektiv

Engineering-Geological Mapping in the Countries of the Council of Mutual Economic Aid

1968 – X und 148 Seiten – 28 Abbildungen – 6 Tabellen – 10 Anlagen – Halbleinen M 30,–

Heft 16

H. Lange, C. Schröter

Bibliographie der geologischen Wissenschaften für die Deutsche Demokratische Republik, Veröffentlichungen des Jahres 1967

1969 – 279 Seiten – Halbleinen M 40,–

Heft 18

Sporenpaläontologischer Sammelband

1971 – XXXI und 224 Seiten – 36 Abbildungen – 3 Tabellen – 43 Bildtafeln – Halbleinen M 60,–

Heft 20

H. Lange, C. Schröter

Bibliographie der geologischen Wissenschaften für die Deutsche Demokratische Republik, Veröffentlichungen des Jahres 1968

1970 – 305 Seiten – Halbleinen M 40,–

In Vorbereitung befinden sich

Heft 15

H. Pfeiffer

Stratigraphisches Korrelationsschema für das Dinant der Deutschen Demokratischen Republik

Heft 17

C. Adam

Beiträge zur Kenntnis der Kaoline und Tertiärtone in Nordostsachsen

Heft 19

P. Krüger

Die Verteilung der Schwefelisotope in sedimentären Eisensulfiden unter Berücksichtigung der Redoxbeziehungen im Bildungsraum

Heft 21

H. Wiefel

Die geologische Entwicklung der Lahn-Dill-Erzlagerstätte Görkwitz bei Schleiz (Oberdevon und tiefes Dinant, Thüringisches Schiefergebirge)

Bestellungen nimmt die Vertriebsstelle des Zentralen Geologischen Instituts, 104 Berlin, Invalidenstraße 44, entgegen.

Bei Fragen zur Produktsicherheit wenden Sie sich bitte an:
If you have any questions regarding product safety,
please contact:

Walter de Gruyter GmbH
Genthiner Straße 13
10785 Berlin
productsafety@degruyterbrill.com